李兴福
百味川扬菜

辛丑夏 郝帆署

上海文化出版社

李兴福，上海川沙人，生于 1936 年。13 岁在上海五马路（现广东路）上的正兴菜馆学烹饪，并拜上海何派川菜第二代传人钱道源为师，后又拜在何派川菜创始人何其林之弟、何派川菜第二代传人何其坤门下。1952 年在凤阳路顺兴菜馆当厨师助理。1956 年由上海新城区饮食公司调派至绿杨邨酒家厨政部任工会小组长。不久任厨政主任兼厨师长，行政总厨兼技术总监、总经理助理。后相继担任金麒麟大酒楼（中外合资）总经理，上海香港绿杨邨酒家有限公司中方代表、行政董事主厨兼总厨。1998 年回沪后，任绿杨邨门店华美酒家经理等。

中华人民共和国高级技师，中国烹饪大师，首批注册中国烹饪大师（元老级）；经中国烹饪大师名人堂师徒传承工作指导委员会核准，被授予中国烹饪大师名人堂尊师。为上海市非物质文化遗产项目"绿杨邨川扬菜点制作工艺"代表性传承人。被上海市烹饪餐饮行业协会授予优秀园丁奖。新中国成立六十周年时，被授予上海餐饮行业技术精英。

# 化寻"尝"为神奇

## —— 耄耋厨师的七十载"烹饪江湖"

西坡

李兴福先生是我们吃货心目中不折不扣的烹饪大师；而且，我跟他还是编辑和作者的关系，所以感到特别亲切。

李兴福，国家级烹饪大师、上海市非物质文化遗产项目"绿杨邨川扬菜点制作工艺"代表性传承人。

他 1936 年出生于上海浦东川沙，可以说是地道的上海人了。可是，他怎么会成为一位海派川菜的烹饪大师呢？

我所了解的情况是：他于 1948 年进上海五马路浙江路口的正兴菜馆当学徒，后经熟人介绍，拜上海美丽川菜社何其林大师的大徒弟钱道源为师。

当时上海的川菜分成四大流派：何其林的何派川菜，廖海澄的廖派川菜，向春华的向派川菜，颜承麟的颜派川菜。

为什么这个时期上海那么时兴吃川菜呢？这是因为抗战结束，迁川的各个单位复员返回原地，接收大员从重庆飞抵上海处理战后事宜，他们就把在四川养成喜欢吃辣的习惯带到了上海。这就是当时川菜之所以在上海野蛮生长的道理。

李兴福选择当了一个川菜厨师，也是势所必至的事了。

钱道源是何派川菜的第二代传人。李兴福先师承钱道源，后又拜在何其林的弟弟兼徒弟何其坤的门下。算下来，他该是何派川菜的第三代传人。

1952 年，李兴福在白克路顺兴菜馆当厨师助理；1956

年春节由上海市新城区饮食公司派调到南京西路绿杨邨酒家厨政部，任工会小组组长，从此与淮扬菜结下不解之缘，可谓川扬兼工。

李兴福从13岁起与烹饪打交道，一直到如今还在灶边试验新菜、指导后进，已有七十余年了！

七十多年只盯着一项工作做，是不是很了不起？当然！

问题是，他不仅仅把一项工作做了七十多年，更厉害的是把这项工作做到了极致。

按照惯例的60岁退休制，李兴福正常退休时间应该是在1996年。也就是说，在1996年之前，李兴福取得的所有成绩和荣誉都可归于"职务发明"；而在此之后，以前的资本应该清零了。许多人或者吃吃老本，或者远离江湖，再也拿不出什么可以令人目炫的业绩了。但李兴福与之完全不同，用"越战越勇""越战越灵"来描述，正是恰如其分。

因为身手不凡，李大师接受返聘或别的餐饮机构邀请，依然活跃在烹饪的第一线，至今不辍。

1998年，李兴福推出了甲鱼宴，有水晶甲鱼、香糟马蹄鳖、拆烩甲鱼、粉蒸甲鱼、八宝甲鱼、鸡火炖裙边、生爆马蹄鳖、枫斗炖鳖鞭、芙蓉鳖蛋等30多个品种。

2001年，李兴福推出了竹荪松茸菌菇宴，有糖汁松茸、白汁松茸、五朵金花、鸡蒙竹荪、芙蓉羊肚菌、松茸炖瑶柱等，又是30多个品种。

2003年，李兴福推出了扬州三头宴，有红扒脱骨全猪头、卤汁猪头五拼盆；拆烩鲢鱼头、清蒸肥鱼头、干烧鲢鱼头、家常鲢鱼头；清炖狮子头、蟹粉狮子头、竹荪鲴鱼狮子头、瑶柱生鱼狮子头、文蛤狮子头等。

2004年，李兴福推出了鸭子菜和全鸭宴，有香酥鸭子、三套鸭子、香橙虫草老公鸭、水晶鸭方、椒麻鸭掌、怪味鸭丁、虾须鸭肉、糟香鸭胗、芙蓉鸭舌、回锅鸭脯、香酥八宝鸭、联珠八宝鸭、太白鸭子、神仙鸭子等30多个品种。

同年，他还推出了极品蟹宴，有熟醉毛蟹、毛姜蟹柳、五柳蟹腿、酥炸蟹膏、锅贴蟹粉、芙蓉蟹黄、毛姜蟹钳、蟹粉泡笋壳鱼、蟹粉汤包、虾蟹春卷等40多个品种。

2005年，李兴福推出了百鸡宴，有灯影鸡片、白玉冻鸡、棒棒鸡丝、三鸡一吃、锅贴鸡方、一品鸡脑、鸡蒙口蘑、芙蓉鸡片、鸡豆花、鸡鲍翅等100个品种。

同年，李兴福又推出了绿杨无刺刀鱼宴，有琥珀刀鱼、鸽蛋刀鱼、水晶刀鱼、锅贴刀鱼、金狮刀鱼、双边刀鱼、拔丝刀鱼、刀鱼烩面、刀鱼汤包等40多个品种。

李兴福就像一个兵团级的司令员，运筹帷幄，举重若轻，打了一场又一场大战役。

2007年，李兴福率绿杨邨团队推出传统老克勒探秘菜肴系列，如清汤联珠大乌参、香酥八宝鸭、鸡火裙边、玻璃鸽蛋、红棉虾团、鸡火煮干丝、老鸭套大乌参、陈皮牛肉、干煸鱿鱼丝、干煸鳝背、炒软兜、炖生敲、紫龙脱袍、鸡蒙竹荪、开水白菜、丁香草鸡等上百个品种。

显然，李大师在锐意创新的同时，没有淡化川扬帮的传统，而是非常强调作为看家菜、主打菜的存在感，并力求做大做强做精。

对于李大师，我是极其尊敬和服帖的。

尊敬，是因为从事餐饮工作七十余年，李大师在事业上做出了最好的成绩，博得同行和食客高度认可和推崇。他曾

李兴福在后厨忙碌

李兴福烹饪的何派川菜

受公司委派，赴香港打造"绿杨邨"香港店，以一身绝活，赢得火爆人气，吸引了姚明、梅艳芳、刘德华、张学友以及各路社会名流纷至沓来；同时，他还是一位优秀的职业经纪人，在很短的时间内就赚回了一家"绿杨邨"，堪称业界奇观。

服帖，是因为李大师竟然能把寻常的鳝鱼、鸭子以及金贵的刀鱼等，做成了一个系列、一百道菜！没有长年积累以及激情创意，要让那些刁钻的吃货买账，是无法想象的。

比如李大师做双边刀鱼，让所有老饕感到惊讶：没有见过如此厚实的刀鱼啊！以前见过的长江刀鱼再怎么大，也是扁扁的一片，可眼前盘里躺着两条刀鱼，看上去更像是有相当厚度的秋刀鱼。用筷子轻夹，鱼肉成小块，轻易就能夹下，呈骨肉分离的状态。鱼肉下是贴在盘底的整条鱼骨。难道是半条鱼？想想一条也没有这么厚，半条岂不更薄？后来才知道，这两条刀鱼足足用了四条刀鱼的鱼肉！李大师先将刀鱼的皮尽可能完整取下，然后剔除鱼皮和鱼身上的刺，保留两条带鱼头鱼尾的完整的鱼中骨。须知一条鱼差不多有一千几百根刺，一个人干需几个小时才能完工。为了不让剔鱼刺的手温过高，破坏娇嫩的刀鱼的新鲜度，剔刺的时候还要备一盆冰块，时不时将手放上去降温。放盘的时候，将所有鱼肉放在两条中骨上，再绷上鱼皮，出锅后看上去是两条完整的刀鱼。吃口一若新鲜的刀鱼，但比自然状态的整条刀鱼吃起来更方便，更过瘾。

令人惊艳。这就是大师范儿！

我曾经跟李大师开玩笑说："就凭你给'端午五黄宴'一百道黄鳝菜取的名字，如'紫龙脱袍''抽梁换柱''锦绣银芽'……就可以被吸收进入作家协会啦！"

　　了不起的是，李兴福师承海派川菜烹饪宗师何其坤、钱道源，且能克绍箕裘，悉心培养和奖掖后进，其徒子徒孙，三代传人，皆成大师，传为佳话；沈振贤、丁健英、李红、王志远、沈立兵、汪志康、吴霖芳、黄方琪、陈林荣、杨隽、陈吉清、吴蕴芬、李钢、陈燕来、叶晓敏、王吉荦等李门传人，非大师即高级技师，在业界声誉卓著。

　　我算是对于餐饮这一行比较熟悉的，但从没见识过一个老人，于耄耋之年，依然孜孜不倦、乐此不疲地在研究怎么把菜做得更好吃、更具特点个性、更能贴近时代发展。

　　这是什么精神？不就是大家津津乐道的工匠精神嘛！

# 为李兴福大师新著序

沈嘉禄

一

认识厨师，不能光听他讲故事，而是吃一次他亲手烹制的菜肴，有没有真本事马上揭盅。这当然是很势利的，但是厨师倒很愿意以这样的方式广结"食缘"。唐鲁孙、齐如山、梁实秋、范烟桥、周瘦鹃、陆文夫等老前辈都是这样与厨师交上朋友的。并未远去的那个时代，手艺人总会有几个文人朋友，中国传统文化对手工业及市民社会的浸润，光影斑驳、细雨无声。

与厨师的友谊可以维持一辈子，前提是经常去品尝他做的菜，甚至将他请到家里来做菜，然后一起分享。厨师一出新菜就去捧场，提些中肯的建议，或者觅到什么新奇的食材，快快送给厨师打理，这等于出考题为难他，厨师两眼立时放光，必定将你当作知心朋友。

我喜欢与厨师交朋友。我向厨师提的意见大多比较务实，而且能比照其他领域的理念及时代的审美，他们就愿意跟我交流。我还给厨师写过论文。一般来说，厨师的文化水平都不高，开开菜单还可以，轮到评职称写论文，就不免要挠头皮了，一支笔赛过千斤重。他们走投无路时就请我代笔，态度十分谦恭，我当仁不让，乐此不疲，这样就得到一次次偷窥门径的机会。

厨师对文化人是很尊重也很感激的。徐正才大师对我说过：吃客是厨师的先生。他说的吃客不是一掷千金的土豪，就是文化人。

二

厨师文化水平不高，这是历史的误会。

我们的教育制度就是这样，读书成绩不好的人，只能去读职校，职校中有厨师班，毕业后去饭店，就业问题就解决了。放在旧时代，家境不好的人家，子女又多，父母就将孩子送去饭店学生意，虽然披星戴月地苦，却也是一条出路，至少能吃上饱饭。做得好，厨师成为大掌柜的也不是不可能。

李兴福大师生在浦东乡间一个农民家庭，自幼家境贫寒，能够吃上饱饭便成了他少年时的梦想。1948 年，在他 13 岁那年，通过熟人引荐进入顺兴菜馆学生意，后来又转到正兴菜馆。顺兴或者正兴，听上去都像本帮馆子，但李大师当初学的就是川菜。

李兴福先拜何其林的何派川菜第一代徒弟钱道源为师，后拜何其林的胞弟兼徒弟何其坤为师，如此算来，李兴福应该是何派川菜的第三代传人。

中国的传统技艺，总是在师徒间的口口相传中艰难传承，还得靠徒弟的悟性与勤奋。李兴福遇到了好时代，在他求师问道之初，山河面貌为之一新，社会风气也趋向清新正肃，在名师的严格训导下，加上天资聪颖，勤学苦练，李兴福很快掌握了烹饪的基本原理以及川菜的技法，红白两案，头灶二灶，他都能拿得起来。关键一点，李兴福对厨师这份工作很看重，早早地植入了为人民服务的思想，并认识到中国厨艺博大精深，值得钻研一辈子。

为了提升自己的理论素养，他去业余夜校进修两年，并从此养成了阅读的良好习惯。他省吃俭用，订阅、购买有关烹饪的书籍，一本早年购买的《四川名菜谱》被他翻到书脊都断了。那时候烹饪类专业杂志极少，他倒是一期不拉，还兼及中医、食疗、营养学等方面的书籍。他勤于学习，敏于思考，在师兄弟圈子里是出了名的。

后来，哪怕社会上荒唐地批判白专道路，或者大家吃大锅饭吃得不亦乐乎、理直气壮，李兴福也咬定青山，我行我素，想方设法去成都、重庆、青岛、三明、武汉等地考察学习，拜师访友。上至宫廷御膳、官府宴席，下到路边小吃、乡间风味，甚至田边菜场，他都要实地考察，亲口尝试，细细琢磨。出门带一本崭新的工作手册，回上海时已密密麻麻地写得顶天立地、密不透风。这些如唐僧师徒西天取经般的经历，都为他日后提升厨艺、开课讲学、撰写著作等奠定了基础。

三

李兴福最早体现自身价值的平台是绿杨邨酒家。1956年绿杨邨公私合营后，李兴福接受组织的安排，去充实名特企业的技术力量，担任工会组长兼管厨房。李兴福烹制的干煸鱼香肉丝、干烧鳜鱼、灯影牛肉、香酥鸡等招牌菜，在传统川菜的基础上有所发展，适应性强，深受食者好评。1996年，李兴福奉命去香港与当地新鸿基、八佰伴联合创建上海绿杨邨分号，任行政董事，但老先生事无巨细，准定要亲力亲为，天天立灶头。香港人嘴巴很刁，又以燕翅鲍参等港式粤菜为贵重，但吃到李大师以普通食材烹饪的回锅肉、丁香鸡、虾须牛肉、油酱毛蟹等海派川菜，一个个跷起大拇指，赞不绝口，政商文教名流和娱乐圈明星都成了他的忠实粉丝。香港客人对价廉物美的回锅肉情有独钟，点击率最高，李大师在港期间累计炒了三万份回锅肉，到了蒙上眼睛也可以操作的地步。香江两年，不仅收回投资，还赚了一个绿杨邨回来。

2007 年，上海绿杨邨酒家传统川扬风味的烹饪技艺入选上海非遗名录，李大师的心血结晶也凝聚在这份珍贵的文献档案中了。

后来李兴福大师还接受公司领导的安排，主政规模超过绿杨邨的金麒麟大酒店。李大师迎难而上，锐意改革，发扬川扬特色，增加中华药膳，合理调理菜价，推行优质服务，还施展了他的管理才能，让大酒店起死回生，春风再度。

## 四

如果我们回望一百年来上海餐饮市场的风生水起，就会发现川菜与上海这座城市共生共荣的奇妙关系。

上海的土著是不大吃辣的，几百年来就是这样，今天浦东人念兹在兹的老八样，根本没有辣椒、泡椒、豆豉的用武之地。上海人接纳川味是从清朝末年开始的，式式轩是第一家川菜馆，在四马路，规模不大，前往一试麻辣的人不少，老板据说是四川人。

上世纪初，上海只有四五家小规模的川菜馆子，挤在广西路、浙江路与三马路交界一带，多为路边饭摊，能有个单

李兴福与他烹饪的公馆菜寿宴菜肴

开间门面了不起了，小煸小炒为主，有回锅肉、麻婆豆腐、肉末泡菜、辣子鱼、鱼香肝片、酸辣汤、连锅汤、红油抄手、担担面等十来个品种。

川菜在上海的兴盛，与时局有密切关联。川菜进入上海有两个时间节点，均与战事有关。第一次是北伐战争，北伐军中多四川人，北伐军打到哪里，川菜就传到哪里。北伐胜利后，川菜馆就在上海这个大码头兴盛开来。1914 年出版的《上海指南》中罗列了几家颇有人气的川菜馆，比如古渝轩、醉沤斋，不久还有都益处、陶乐春、美丽川菜馆、消闲别墅、大雅楼等兴起。

吴承联在《旧上海茶馆酒楼》一书中说："三十年代，上海最著名的川菜馆是爱多亚路（今延安东路）上的都益处，新南社成立后的第一、第二次聚餐都假座于此。次之则有大雅楼、共乐春、聚丰园、陶乐春等数家。"

据 1925 年上海世界书局出版的《上海宝鉴》中记载，当时川菜馆的菜码相当丰富，有炒肉片、椒盐虾糕、辣子鸡、炸八块、凤尾笋、松子山鸡丁、米粉牛肉、米粉鸡、白炙脍鱼、奶油广肚、红烧大杂烩、酸辣汤、清炖鲥鱼、红烧春笋、叉烧肉、火腿炖春笋、白汁冬瓜方、清炖蹄筋、鸡蒙缸豆、锅烧羊肉、蟹粉蹄筋、冰冻莲子、菊花锅、鸡丝卷等。

抗战军兴，酝酿起川菜进入上海的第二波高潮。四川、贵州、云南等省成为大后方，大批工厂、学校内迁，重庆作为陪都当然也接纳了不少从江浙两省来的政府官员和流民，当地人遂将长江安徽段以东来人称为"下江人"。这批人是庞大的消费群体啊，所以重庆、成都甚至昆明的饭店就会参照他们的"家乡记忆"烹制出一些味觉稍微清鲜甜软的菜肴，这些菜被四川人称为"下江菜"。

上世纪 30 年代，上海餐饮市场已经完成了八大菜系的架构，为满足消费形势需要，蜀腴川菜社当家大厨何其坤与其师兄弟们创造出一套"南派川烹"的方法，以轻麻微辣适应市场，酸甜咸鲜烘云托月，杨柳新曲风靡一时，被人冠以"海派川菜"称号。建国初董竹君接管锦江饭店餐厅，也请何其坤为总厨，更使海派川菜名盛一时。

五

李兴福在进入新世纪后，重拾何派川菜的大旗，继续丰富"南派川菜"的内涵，对上海餐饮市场的发展做出了很大贡献。

李大师江湖名气非常响，人缘又好，徒子徒孙一大帮，退休后，许多食客到处打听他的行踪，希望他再度出山。也有不少饭店老板请他去当顾问，他顺势而为，推出何派川菜，毫无悬念地一炮打响。我品尝过他亲手烹制的蜀腴白切肉、陈皮牛肉、腴香肉丝、生爆鱿鱼卷、川东霸王肘等经典名菜。还有家常大乌参，与本帮虾子大乌参同工异曲，鲜香滑爽，酥而不烂，略有弹牙。家常与鱼香、怪味并肩为川菜三大味型，曩昔由何派川菜提升至一个新境界。蜀腴粉蒸牛肉来自民间，但登堂入室后，并没贵族化的矫揉造作，依然以本色诚恳待人，食后回味悠久。

小几年后，李大师又被另一家饭店请去当顾问。又请我去品尝过几次，而且都是根据不同季节，以江南地区某一食材为主题，整席出镜，比如全鳝宴、全鱼宴、全蟹宴、全鸭宴、

无刺刀鱼宴等，让我大开眼界，大饱口福，我也都写了文章，
供读者望梅止渴。

有一个日本朋友在上海开法餐店，向社会招聘厨师，有
一天把我请到现场看他怎么面试。他的本意想告诉我，在招
聘这档事上，他对中国人和日本人一视同仁，甚至还稍稍倾
向中国人，以示友好。不过那天的情景让我有点汗颜。面试
中国厨师时，日本老板问了一些理论知识，中国厨师回答得
不尽如人意。再问他们平时是否乐意研究烹饪理论，至少翻
翻菜谱之类的书籍，反应支支吾吾。轮到日本厨师上来应试，
个个都怀抱着一大摞笔记本，表情相当自豪。我拿过来翻看，
每本都记得满满当当，还有图稿、照片等。看得出，这些笔
记绝非拿来装样子的，都是平时日积月累的结晶。我问日本
厨师为什么做笔记，他们回答这是在学校里养成的习惯，也
是从业后师傅的严格要求。

讲真，中国厨师千百年来重技术、轻理论的习惯应该改
一改了。

李大师身上一直带着笔记本，记得密密麻麻，一道菜，
食材从哪里采购最好，采购时如何挑选与品鉴，食材的营养
价值以及与季节、节令的关系。整理时要注意点什么，从哪
里下手，必须清除的污物，如何保持食物形态，保鲜、上味等，
烹饪时要注意些什么，油温与调味，还有高汤吊制等，最后
最要紧的是摆盘以及口味呈现。

## 六

欧美不少明星厨师都会写文章，他们对时尚界很熟，知

道如何包装自己，吸引读者，提升自己的江湖地位。我家里收藏的不少美食书，有些就是厨师写的，比如哈洛德·马基的《食物与厨艺》、伯尔顿的《厨师之旅》、左壮的《入味》、伊恩·凯利的《为国王们烹饪》、神田裕行的《真味》、近藤文夫的《天妇罗》、北大路鲁山人的《日本味道》《料理王国》等。中国厨师能写文章并出版专著的不多，这与烹饪大国的地位很不相称。好几次我见到李兴福大师就会问：李大师，你什么时候也写一本书啊！他表情复杂，又以乐观为主。其实他为此已经准备很久啦！

平时李大师很喜欢写文章，笔记里的素材谷满盆满，写文章时稍作整理，就是一篇干货满满的堪称教科书的美文。一道菜，一种食材，一种烹饪方法，甚至一种风俗习惯，都成为他文章的题目。他的文章长短不拘，行文朴实，就像面对面的聊天，说到具体操作又特别仔细，特别耐心，决无遮遮掩掩，故弄玄虚。他是真心要将自己的经验与感悟告诉给读者，特别是青年一代的厨师。

从业超过七十年，惯看风雨变幻，花开花落，多少经验与智慧都凝聚在字里行间。这样的心血之作，我除了期待，还有敬佩。

在中国历史上虽然诞生过不少伊尹、易牙、太和公、膳祖这样的名厨，还有宋五嫂、董小宛、萧美人、芸娘等素手做汤羹的绝世佳人，但能够留下著作的几乎为零。今天我们奉为圭臬的美食典籍，一般都由文人墨客来完成，又因为用的是砚边余墨，兴致所至，别有怀抱，闲情逸志从笔端流泻，但具体到操作层面，未免疏阔而语焉不详。一直延续到当代，厨师仍是一种对理论知识要求不高的职业，强调的是实际操作，看重的是实际效果，知其然，不知其所以然，能够应付裕如者，便是经验主义的胜利。到今天有人抱不平：认为法国的厨师归文化部管辖，个个都是艺术家，社会地位与世俗声誉堪与总统比美，而中国的厨师仍然跳不出"巫医乐师、百工之人"的历史局限。但冷静下来想想，你要成为艺术家一样的厉害角色，倘若没有稍许厚实一点的文化积累，又怎能在江湖上独钓寒江雪，又怎能书生意气，挥斥方遒，指点江山，激扬文字，粪土当年万户侯？

明白了这一点，就知道李兴福这位食神的不同凡响了。

## 七

现在，李兴福的美食著作《李兴福百味川扬菜》即将问世，这本书与李大师平时撰写的文章一样，一如既往、痴心不改地推广中国饮食文化，具体到每款海派川菜或淮扬菜，从食材选择到操作流程，逐字逐句的精雕细刻，每个关键步骤的提示与关照，尤其是面壁悟道得来的点石成金的高招，实属不可告人的后厨秘密，而他都毫无保留，全盘托出。有些菜式的创意与偶成，或得自他实操的急中生智，有些看似妙手天成的菜品则来自他与徒弟共同的"长考"，但诉诸文字，无一不是他拳拳之心的忠实写照。我在详细拜读样书时，常常掩卷长叹：这就是大师的无私奉献，殷殷教诲！

今天，神州大地云蒸霞蔚，山海日暖，餐饮界拜物质供应之丰饶，货品流转之便捷，网点星罗之格局，吃客追捧之热情，保持着令人血脉贲张的繁荣繁华，成为拉动内需的一大消费热点。厨师一业的社会地位和世俗荣誉大大提升，呈现着江山代有才人出，各领风骚三五年的喜人形势。米其林、黑珍珠等国内外美食榜单也在纷纷抢夺话语权，推行各自的评判标准，聚焦亮点，酝酿神话，凡此种种，都为中国饮食文化在全球化背景下发挥应有的影响力创造了良好的条件。那么，像李兴福大师这样有追求、有成就、有情怀、有威望的业界泰斗，他们的经验与思想就更加值得认真总结，发扬光大，成为年轻一代厨师登高远望的文化基石。

李大师嘱我为大作序言，不胜荣幸，瞻前顾后，聊作闲语，不知能否为这一桌色香味形俱全的文化筵席提供一小碟葱珠否？

2021 年仲夏时节

# 当中国烹饪大师遇上中国注册会计师
## —— 写在《李兴福百味川扬菜》出版前

程皓

就年龄而言，我与李兴福大师是忘年交，我俩所从事的职业完全是风马牛不相及的，有缘走到今天，是我们都怀着一份执着的信念和事业心，做好自己本分的事，尽职尽勉，服务社会，回报社会，无私奉献。纵观大师七十余年烹饪生涯，时时、处处、事事，无不体现着敬业、专注、精致和奉献的精神，这对于我们会计人的执业，始终有着深层次的启迪作用与鞭策动力。

一曰敬业。一个人的职业心态，决定了他的能与不能、成与不成！职业的选择不仅仅是谋生的饭碗，更是一种话语权，是跻身世间的位置所在，是报答社会的机会所在。中国自古以来，就有句老话：做一行，爱一行，像一行。李兴福大师毕生兢兢业业、身体力行，其烹饪生涯充分印证了这一点。

二曰专注。通俗来讲就是专心、关注，自己选定的目标，就要以"咬定青山不放松"的精神，认真踏实地去做，而且要做好、做到位。随着社会的发展和人民生活水平的改善、提高，大师的烹饪技艺顺应潮流、顺势而为，确实给我们美好的生活，增添了一份浓浓的醇香回味。

三曰精致。孔子曰："食色，性也。"餐厨技艺不仅是味觉的享受，更应该是陶冶情操的升华。大师手艺精湛，匠心独具，完美地把追求效果与讲究过程融为一体，从食材选购、品鉴，营养价值与节令关系，直至整个烹饪的各道环节掌控，无一不是按照现代人 ISO 管理体系的要求严格加以实施。这正是我们现在倡导职业化进程精细化管理的最基本的要务之一。

四曰奉献。大师在烹饪天地辛勤耕耘七十余载，不忘初心，砥砺勇进，老骥伏枥，创新不断，桃李满园，硕果累累，然而仍孜孜不倦、潜心发力，将其毕生从事烹饪大业的经验、感悟及成果，汇集成这本餐饮专著，完全显现了大师服务社会、回报社会的无私奉献情怀。

七十多年来，李兴福大师以"勤学以致博、笃行而达雅"的精神铸就了今日之辉煌，成为我们后辈进取向上的楷模和榜样。当初我们在创办上海华皓会计师事务所时，也立志要以"我们专业，我们更敬业"的理念，将华皓打造成为我们中国人自己的会计师事务所。在实践中，注重企业品牌和企业文化建设，坚持以行业创先争优和建设文明单位为抓手，着力推动华皓成为会计师事务所行业中一支崛起的生力军。在事务所周年庆活动中，有幸领略了李兴福大师的厨艺风采和文化底蕴，特聘他担任了事务所的文化顾问，之后在开展单位企业文化建设及大学生职业技术培训实践中，都以大师的职业操守和言行举止为典范，推动事务所"两个文明"建设的深入发展。

今年，我们隆重庆祝中国共产党成立一百周年。我们华皓开展系列纪念活动中的一项内容，就是协同大师出版这本《李兴福百味川扬菜》烹饪专集，以和广大读者、食客及业内同行与后辈，共同分享在中国共产党领导下实现人民生活从温饱不足到总体小康、奔向全面小康的历史性跨越的喜悦，

在绿杨健慧宴上向贵宾讲解菜肴保健功效

分享"城市，让生活更美好"的喜悦，分享"舌尖上美味"的喜悦。

孟子曰："老吾老，以及人之老；幼吾幼，以及人之幼。"再次感谢天命之年的龚建星先生、花甲之年的沈嘉禄先生、古稀之年的茆帆先生、耄耋之年的李兴福先生，为传承发扬中华饮食文化做出的贡献。

2021 年 7 月 23 日
于上海

# 目录

## 春

立春（公历 2 月 3—5 日之间）春回大地，万物复苏

## 秋

霜降（公历 10 月 23—24 日之间）**草木黄落，赏菊品蟹**

# 冬

立冬（公历 11 月 7—8 日之间）**万物收藏，休养生息**

# 追根溯源话上海何派川菜

川菜即四川菜，与扬州菜、广东菜、京菜（山东菜）并列为中国四大名菜。

川菜起源于秦汉，发展于唐宋，成熟于明清，以其一菜一格、百菜百味的特色享誉海内外。川味飘香，走出国门，在世界各主要城市和旅游景点都有川菜馆，川菜已成为人类美食百花园中一朵绚丽多彩的奇葩。

## 川味给上海人带来了新鲜感

海纳百川、博采众长，是上海饮食生活最大的特点。清道光年间，上海辟为商埠后，各地的移民大量涌入，于是沪、徽、苏、锡、宁、杭、广、京、津、扬、豫、川、湘、闽、潮、清真、西餐等中外各地风味的酒肆饭店纷纷入驻上海，然而在众多的帮别中，川味却总是能以崇尚滋味、喜好辛香，博得上海人的青睐。

上海有川菜，那是在开埠几十年后才慢慢形成的。在1918年以前，上海只有四五家小型川菜馆。当时都在广西路、浙江路与三马路（现汉口路）交界一带，只是路边店和饭摊，最多是单开间门面，卖的菜肴都是小煸小炒，有回锅肉、麻婆豆腐、肉末泡菜、辣子鱼、鱼香肝片、酸辣汤、连锅汤、红油抄手、担担面等品种。菜味以麻辣、咸鲜为主。1920—
1936 年间，川菜开始发展，相继开出了大雅楼、小花园、都
益处、美丽川、陶乐春、绿野、洁而精、蜀腴、绿杨邨等。
这个时期川菜在美丽川大厨何其林的带领下，开始了改革，
推出了何派川菜，并收了钱道源、朱志炳、何其坤为弟子。
到 1937 年后，又出现了梅龙镇、四川饭店、小锦江等等。
当时的上海，大大小小川菜馆有上百家，占了上海餐饮业的
半边天。

　　上海是个五方杂处的国际大都市，创新改良是餐饮业发
展的根本，各地的菜肴势必经过推陈出新，青出于蓝而胜于
蓝，方能站稳脚跟。到上世纪三四十年代时，上海的餐饮市
场出现了以何其坤、向春华、廖海澄、颜承麟四位名厨领衔
的四大流派川菜，就像京剧、越剧、沪剧、淮剧以著名舞台
表演家的姓氏为流派一样，被称为何、向、廖、颜四大流派，
广受上海食客吹捧。特别以蜀腴川菜社的大厨何其坤烹制的
川菜，最受人青睐，红极一时，执当时上海滩食坛之牛耳。

## 蜀腴是什么

　　在 1930 年代中后期，当时的上海滩，各阶层名士、要员，
上层社会的夫人、太太、小姐，到蜀腴去吃饭是一件很时尚
的事情。电影《色·戒》与张爱玲小说中，都有这样的开头，
几个贵太太在打麻将，易太太说："昨天我们到蜀腴去了，
麦太太没去过。"结尾又与开头呼应："还去蜀腴——昨天
马太太没去。"可见蜀腴在当时上海人心中的地位。

蜀腴川菜社是由一位四川徐姓老板创立，地处上海浙江中路以西、九江路以南的广西北路上，有五开间门面，二楼全部是包厢。在当时的上海，蜀腴可算是一家大型川菜馆了。而且，开门之初就请了海派川菜鼻祖何其坤大师掌勺。在此之前，何其坤在南京曼丽川执掌，这里还有一段佳话。

何其坤在南京曼丽川菜馆掌勺时，曾将金陵名肴盐水鸭改造成"炸肥鸭"，当时名扬金陵，国民党元老于右任曾是他们家的常客，很多国民党军政要员也经常前去品尝何其坤烹制的川菜。蜀腴开业后，适逢于右任六十大寿，在该店设宴两天，请何其坤掌勺治菜，席间精心制作的这道"炸肥鸭"的筵席大菜，于右任品尝后非常满意，一再夸奖："此鸭味美胜过挂炉鸭，既香脆，又酥嫩，特别好。"蜀腴老板听后，灵机一动，决定从于右任的香脆、酥嫩中各取一字，将"炸肥鸭"改成"香酥鸭"，成为蜀腴名菜，闻名海上。

何派川菜与传统川菜有所区别，以轻麻轻辣、注重味浓、突出鲜香为主，既有微麻微辣的川菜，甚至于无麻无辣的清鲜川菜，非常适应各派沪人的口味特点。何派川菜一经推出，风靡上海，蜀腴川菜社门前车水马龙，达官贵人云集，一席难求。特别是抗战胜利后，在重庆居住了八年的大批人士回到上海，但忘不了八年间的川味饮食，蜀腴的海派川菜特色更是吸引了众多食客。知名人士叶楚伧在上海居住时，也非常喜欢蜀腴的菜肴，家常宴请均来往于蜀腴，并对蜀腴的粉蒸牛肉、干烧明虾大加赞誉，蜀腴由此更加火爆。尽管每天食客盈门、纷至沓来，但是何其坤还是不断创新改良，推出众多新菜，满足上海人求新变异的口味，根据上海原料丰富的特点，创制了干烧鱼翅、明珠酥鲍、白汁鱼肚、蝴蝶海参、

鸽蛋肝膏、凤尾燕窝、开水白菜、鸡蒙竹荪、鸡豆花、椒盐
蹄髈、一品豆腐、金狮刀鱼、锅贴豆腐等改良川菜。一时间
蜀腴的何其坤师傅成为上海川菜的领军人物，蜀腴的川菜风
靡上海滩。到上海解放前夕，蜀腴在沪上几乎是家喻户晓的
知名川菜馆。何派川菜也在上海独树一帜，成为海派川菜的
鼻祖。


## 何派川菜的特色

　　何其坤是四川富顺县人，最早是拜自己的同胞哥哥何其
林为师的，在上海最早的一家叫美丽川菜社当学徒，同时拜
何其林为师的有钱道源、朱志炳、朱根生、陈宝林等。何其
坤当时在美丽川菜社是最小的学徒，但他天资聪颖，所以师
兄们对他又关心又崇拜，称其为何老么。经过六七年的学徒
生活，他掌握了扎实的烹饪技术，先后在陶乐春、聚丰阁、
南京的曼丽川菜馆掌勺，蜀腴开张时，被聘为大厨，独树何
派川菜，引领海派川菜先河，并传授带教了众多弟子。1940
年代末，董竹君女士创办锦江饭店时，也聘请了何派川菜传
人做主厨。几十年来，何派川菜不仅是达官贵人，也是劳动
大众都百吃不厌的佳肴。
　　新中国成立后，何其坤大师更是认认真真烧菜，发挥自
己特长。当时国家副主席宋庆龄在上海宴请外宾，常点名由
何其坤去烹制。何其坤在1956年任上海四川饭店副经理兼
厨房总领班，1963年被中商部评为高级技师。
　　说到何派川菜的特点，大概有以下几点：

富于变化、改良创新是何派川菜特色之一。

在味型上以鲜、香、咸、酸、甜五味为基础，调和出七滋八味。七滋是麻、辣、咸、酸、甜、香、酥，八味是轻麻、微辣、椒麻、腴香、家常、怪味、红油、蒜泥。在技法上，注重刀工，有块、片、条、段、丝、丁、圆球、剞花，分别形态，使成菜不但入味，还丰富多样。既有鲜香醇厚、轻辣微麻的菜肴，如原笼粉蒸肉、回锅肉、腴香肉丝、干烧鳜鱼、干煸鱿鱼丝、陈皮牛肉、怪味鸡、水煮牛肉、酸辣汤等，又有清鲜酥香的菜肴，如香酥鸭、油淋子鸡、锅贴金腿、干煸冬笋、干烧四季豆等。国民党元老、社会名流于右任先生提起这些菜时，总说："这些菜肴既可饮酒，又可下饭。"

讲究烹制技术、重视吊汤是何派川菜的特色之二。

何派川菜以干烧干煸见长，炒菜不过油、不换锅、芡汁少、一锅成菜、小煸小炒、急火快烧、嫩而不生、熟而不老，保持了菜肴的原汁原味。像宫保鸡丁、回锅肉、干煸鱿鱼丝、腴香肉丝等菜肴几乎每桌都要点，百吃不厌。同时，每天备好三锅汤，清汤、浓汤、奶汤，根据不同原料、不同口味、不同烹制方法，选用不同的高汤。何其坤大师一直讲，"唱戏靠腔，厨师讲汤"，非常讲究，使成菜清鲜淡雅，如开水白菜、兰花鸽蛋、冬瓜燕、玻璃鱿鱼、鸡鲍翅、凤尾鸭舌等，既色味俱佳，又极富于营养，堪称上品的官府菜肴。

活用各种原料，根据货源特点，因地制宜推出"北菜川烹、南菜川味"的制作方法，是何派川菜的特色之三。

针对不同原料，选用不同的制作方法，做到口味浓淡有致，该浓则浓、该淡则淡，浓中有淡、淡中有浓，浓而不腻、淡而不薄。在烹制鱼翅、海参、鹿肉、蹄筋、驼峰等高档原料时，采用干烧烹调技法，以微火慢烧，自然收汁，成菜后质地软糯、色泽红亮、味香醇厚，既取南菜之长，又区别于南菜味偏清淡的做法，自成一格。譬如家常大乌参，先用上好五花肉同煨，至五花肉酥烂，随后捞出大乌参加以调味烹制，成菜浓香滑爽，略有弹牙，入口即化。凡吃过此菜的都经久不忘，心心念念地牵挂。

何派川菜以其变化多端、丰富多样，引人入胜，令川菜的"百菜百味、一菜一格"登峰造极。

当然，何派川菜最火的特点之一是在味型上：以鲜、香、咸、酸、甜五味为基础，调和出七滋八味。

特别是家常味型、腴香味型、怪味味型这三个味型的菜肴是何派川菜中最受广大食客欢迎的。如在家常味型中传统名菜有回锅肉、干烧鳜鱼、原笼粉蒸牛肉、家常海参。这四个菜品都是属家常味型，是何派川菜中的代表极品菜肴。实际何派川菜家常味型极品菜品不少，如魔芋鸭子、家常豆腐、豆瓣鱼、辣子鱼、家常鲢鱼头、鲢鱼藏羊等都是川菜家常味型代表菜品。

## 川菜里的家常味

要说明的是，我讲"家常"一词不是人们常说的"家常菜"，更不是常见的副食品（鸡鸭鱼肉、牛羊、小水产、时鲜蔬菜等），原料也不是常用烧、炒、煮、炖、拌等制成家常菜肴。我讲的川菜中冠以"家常"的菜，其义与上面所述的不尽相同，是专指川菜中的"味"而言。川菜中的家常味是咸鲜，味厚，辣。

这种辣，辣而不烈，辣而不燥，在辣味之外还感到些微清鲜味。

　　我在川菜老家四川学习中听到四川老师傅讲起过：起初川菜中的家常味调料没有统一规定，有的配制成咸辣酸或咸辣甜，有的麻辣咸中略有甜酸，有的咸酸、麻辣并重等。后来师傅们在众多的调味中抽出最常用的豆瓣辣酱和泡红辣椒配制酱油、葱、姜、蒜、盐、糖等调成一种味，并将这几种调料固定下来，成了一个味，在四川成为家庭常用的调料，其中，泡红辣椒、豆瓣配的辣椒酱，成了今天的家常味型。再加上郫县豆瓣辣酱配上泡红辣椒，不仅含丰富的维生素（其维生素 C 居蔬菜之首），而且还有祛风、行血散寒、解郁、异滞的功用，适量食用，能增加消化液的分泌和肠胃的蠕动，有助消化，增进食欲。何派川菜家常味型中菜肴必须配制泡红辣椒和四川郫县豆瓣辣酱，才能烹制完整的家常味菜肴。但何派川菜有一个富于变化的特点：同一个味型的菜肴中，在味别上有浓淡之分、轻重之别，并不是一成不变的。不强求一律，而是要根据具体情况和原料、气候而变化的。前面提到的原笼粉蒸肉、回锅肉、腴香肉丝、干烧鳜鱼等家常味型菜肴，在味别上是有点不相同的，它们和川菜老家四川的菜肴更不相同。这是上海何派川菜家常味型的特别之处。

## 川扬联姻的何派川菜

川菜以粗料细烹、细料精烹、精料高烹、高料特烹的高超技艺著称，有一个完整的体系，由高级宴席中的公馆菜和官府菜、普通宴席、大众便席、家常风味菜、民间小吃五个菜式组成，各具不同的风味。

高级宴席，特别是公馆和官府人家的菜式，其特点是制作多样、组合适时、调味清鲜、色味俱全。采用山珍海味，配以时令鲜蔬，品种极为丰富，味道变化多端。成菜后极讲究色、香、味、形和营养保健，连盛器都十分讲究，要用银、铜、锡器和精细的陶瓷来盛装菜肴，并在盛器上标上各种吉祥图案，配上保温器和盛器盖，才可上桌。

流行的菜品有：一品熊掌、干烧排翅、鸡火裙边、白汁鱼唇、红扒驼峰、红烧花胶、松茸炖鹿鞭、瑶柱炖鹿尾、叉烧乳猪、香酥飞龙、家常石鸡、羊肚菌炖竹鼠、清汤大乌参、香橙虫草炖老公鸭、蒜蓉裙边、独蒜瑶柱、清蒸江团、家常海参、樟茶鸭子、白汁松茸、上汤花胶、五朵金花、竹报平安、燕窝鸽蛋、龙眼蛤土蟆、开水白菜、凤尾鸭舌、鸡蒙竹荪、推纱望月、蜜汁火方、老公鸭套草鸽、龙凤抱蛋、三鸡一吃、金鸡报喜、百福并臻、菜园四宝、玉柱蟠龙、一品鸡豆花、罗汉鳜鱼、红棉虾团、红娘自配、鸡包五羊翅、松茸扣辽参、天麻炖鸡、金狮刀鱼、拔丝刀鱼、芙蓉鳖丹、松茸炖鳖鞭等代表性热菜。

前菜还要配上九色攒盒和小碟，如批南、排南、水晶鸭方、油爆凤尾虾、陈皮牛肉、椒麻鸭掌、红油鸭舌、水晶鸽蛋、珊瑚白菜、怪味花生、琉璃核桃、怪味兔丁、棒棒鸡丝、虾须牛肉、灯影牛肉、白玉冻鸡、水晶脚鱼、糟香脚鱼等代表性风味小吃，再配上工艺出色的孔雀开屏、出水芙蓉等装饰。

在开席前要配上四干果、四糖果、四糕点、四水果，有四种盖碗茶，其中一道叫青龙凤凰茶。

第二种普通宴席，也就是三蒸九扣菜式，以民间乡土田席常见菜品组成。这类菜式荤素并举、汤菜并重，朴实无华、经济实惠。如清蒸杂烩、清蒸肘子、米粉蒸肉、炸酥肉汤、红烧扣鸡、卤汁扣鸡、蒸咸烧白、龙眼甜烧白、豆瓣鲫鱼等常见的代表菜品。

第三种大众便餐菜式，以烹制快速、经济方便、适应各种人需要为特点，以小炒、小煸、小烧、熘、爆、拌为主要烹调方法。如宫保鸡丁、水煮牛肉、腴香肉丝、毛肚火锅、辣子鲫鱼、魔芋鸭块、白油肝片、椒麻鸡片等脍炙人口的菜肴，在宴席中也被广泛使用。

家常风味菜式取材方便，操作简单，经济实惠，家喻户晓，深受群众喜爱，如回锅肉、麻婆豆腐、肉末泡菜、蒜泥竹林白肉、连锅汤、辣子鱼块、炒野鸡红、家常豆腐等代表菜品。

民间风味小吃适合社会各阶层百姓的饮食，且丰简随意，这与上海这个五方杂居的移民城市的饮食习性不谋而合。其中夫妻肺片、灯影牛肉、水煮牛肉、棒棒鸡丝、酸菜鱼片汤、粉蒸圆笼牛肉片、小竹林蒜泥白肉、椒麻肚丝、怪味兔丁、家常鲢鱼头、麻辣扎皮、担担面、红油抄手、红油水饺等为代表菜品。这些民间小吃，如今已成菜式，被广泛应用在宴席上。

凡是品尝过川菜的人，无不对其"味"叫绝，厨艺高超的川菜厨师，精烹巧配，可烹制出一菜一格、百菜百味的菜肴，以咸鲜味为主味，味型多、味别广，如鱼香味型、家常味型、怪味味型、椒麻味型、酸辣味型、麻辣味型、蒜泥味型、红油味型、荔枝味型、椒盐味型、毛姜醋味型、姜汁味型、酱香味型、糟香味型、烟香味型、麻酱味型、糖醋味型、甜香味型、茄汁味型、芥末味型、糊辣味型、胡油味型、五香味型、酥香味型、咸酸味型、丁香味型等味型和上百种味别的菜肴。

另一方面，川菜在烹调技法上更为精绝。热菜类中就有炒、煸、滑、熘、爆、炸、煮、烫、蒙、煎、贴、酿、蒸、烧、焖、炖、摊、烩、煨、烤、烘、粘、汆、拔、冲等。冷菜技法有拌、水晶、卤、腌、熏、腊、冻、挂霜、琉璃、蘸、糟、酱、酥、炸、烧等。

各种烹调方法都有其独特的工艺要求，一种烹法之内，又制法各异。如蒸就有粉蒸、旱蒸、生蒸、熟蒸、炸蒸、烧蒸、清蒸，有小汽蒸、中汽蒸、旺汽蒸等。烧有干烧、红烧、生烧、熟烧、白汁、回烧等。炒有生炒、熟炒、半熟炒、煸炒、滑炒、爆炒、快炒、清炒、凝合炒等。川菜以干煸、干烧为其特色，小煸、小炒不过油，不换锅，急火短炒，一锅成菜。如炒猪肝、炒猪腰只要一分钟就装盆成菜上席，嫩而不生、滚烫鲜香。

各种烹调技法和多种味型，烹制出一千多个菜品并不是难事。

我所说的以上这些川菜的特点仅就上海何派川菜而言，绝不是川菜的全部。

1936 年，绿杨邨菜社（绿杨邨酒家的前身）开业，请了扬州师傅毛乃林（记音）、方乃根、陈信祥等掌勺。1945 年，请原美丽川菜社何派川菜第二代传人钱道源和林万云加盟绿杨邨。就此，绿杨邨酒家开创了上海川扬联姻风味先河的何派川扬菜。解放后，又有刘国宝等大厨掌勺。特别是1956年，上海新城区领导调派李兴福进绿杨邨担任厨政工会小组长，不久就培养和调教出自己的徒弟徒孙，涌现出一批川扬菜烹饪新手，先后有沈振贤、丁健美、汪志康、李红、沈立兵、王志远、陈吉清、杨隽、陈林荣、叶晓敏、陈燕来、王吉荦等加以传承，将五味调和、七滋八味的海派川扬菜发扬光大。

解放后，公馆菜式和官府菜式随时代的进步而翻新，菜品上有所改进，但在烹调技法和滋味、质地、营养保健上的讲究却是一以贯之的。特别是改革开放四十多年来，上海何派川菜第三代、第四代、第五代传人在接待外宾时对一些传统老菜进行改良，如杜甫五柳鱼，将鲜鱼的鱼尾、鱼骨、鱼刺去除干净，另作烹调用，而将鱼肉切成丝，烹制成五柳鱼丝这一菜品，很受外宾好评。因为有些外宾不能吃有刺的菜肴。

何派川菜传人吸收了扬州菜系的特点，选料严格、刀工精细、火工精准，选料上以淡水鲜为主，以时令鲜嫩为佳，以原料老嫩分档分段来烹制不同菜肴，在制作上注重因材施艺、物尽其用、北菜川烹、南菜川味。

一料分档取材、一料多用等搭配，创作出全鸭宴菜品，如水晶鸭胗、回锅鸭片、香酥鸭卷、红油鸭舌、椒麻鸭掌、清炸鸭胗、百合炒鸭胗、响铃鸭块、鸭丁锅巴、太白鸭子、神仙鸭子、双冬扒鸭等四五十种，有冷菜、热菜、点心等。

全蟹宴有毛姜蟹钳、话梅醉河蟹、五柳蟹腿、锅贴蟹粉、高丽蟹骨、蟹黄虾仁、八珍蟹身、花浪蟹斗、冰冻花蟹、花雕蒸蟹、阿奶吃毛蟹、香槟荔枝蟹、膏蟹捞饭等四五十种菜肴，包括冷菜、热菜、美点等。

又吸收扬州菜系三头宴的菜品，如红扒脱骨全猪头、白切腌猪头肉、红油顺风、椒麻猪冲、卤水猪舌等；拆烩鲢鱼头、天麻鲢鱼头、旱蒸鲢鱼头、家常鲢鱼头、毛姜鲢鱼头等；蟹粉狮子头、清蒸狮子头、红焖狮子头、生鱼狮子头、鮰鱼狮子头、文蛤狮子头、风鸡狮子头、河蚌狮子头、笋芽狮子头等。

又有一种规格高档的无刺刀鱼宴，菜肴有刀鱼鸽蛋、竹纲刀鱼、琥珀刀鱼、鸭脷刀鱼、锅贴刀鱼、金狮刀鱼、刀鱼穿花胶、水晶刀鱼、双边刀鱼、草鸡刀鱼、珍珠刀鱼、锦绣刀鱼、刀鱼汤包、拔丝刀鱼、刀鱼蓉烩面、花胶刀鱼等三四十道。

小暑黄鳝赛人参，黄鳝宴菜品有香糟鳝方、五香脆鳝、紫龙脱袍、炒软兜、炝虎尾、叉烧鳝方、炖生敲、红烧马鞍桥、抽梁换柱、清蒸脐门、鞭打龙袍、蒜泥鳝卷、松仁鳝粒、脆鳝干丝、生爆蝴蝶片、鳝丝春卷、龙抱凤蛋等四五十个。

此外，又有全鹿宴的上百个菜肴，百鸡宴的上百个菜肴，甲鱼宴的三十多个品种，菌宴的三十多个品种。还有食疗健慧宴，有久吃不胖的保健菜肴六七十道；还有鱼翅宴、海参宴、鲍鱼宴、鱼肚宴、燕窝宴、干贝全宴等。

## 浅说扬州菜的特点

自从我进上海绿杨邨酒家掌勺后，曾多次到扬州的富春菜社、镇江的宴春酒楼和淮安的文楼等劳动学习，在学习中听到、看到了淮扬菜的各种烹调技法和精细扬帮的刀上功夫，再结合我单位绿杨邨的扬帮菜品时，受到很大启发。

淮扬菜选料严格，制作精细。在选料上以淡水鲜为主，以时令鲜嫩为佳。青菜取心，菠菜取其嫩，冬笋取其尖，虾蟹取其活鲜。扬州厨师有句行话：醉蟹、风鸡不过灯（节），吃刀鱼不过清明，吃鲥鱼不过端午。以鱼做成的美馔佳肴，真是数不胜数，如清蒸鲥鱼、白汁鮰鱼、将军过桥、刀鱼宴、拆烩鲢鱼头等。在制作上注重因材施艺、物尽其用。对一条鱼的分档取料达到了异常完善的地步。以一条青鱼为例，可整条成菜、斩块成菜、批片成菜、切丝成菜、切丁成菜、切米成菜、敲蓉成菜，这仅仅是一个方面。另一方面，鱼头单独成菜，鱼尾单独成菜，鱼中段单独成菜，肚档单独成菜，鱼的下巴，鱼的眼睛，鱼的肠、肝，鱼的唇、舌、脑、皮、骨头等都能单独成菜，可烹制成上百个菜肴的全鱼宴。

小暑黄鳝赛人参。根据大小黄鳝各部位的老嫩特点，中段可做紫龙脱袍、生爆蝴蝶片、干煸鳝背、蒜蓉鳝卷、炖生敲、叉烧鳝方、红烧马鞍桥、抽梁换柱等；鳝尾可做蒜蓉虎尾，鳝鱼可做炒软兜，鳝肚可做五香脆鳝、脆鳝煮干丝，鳝皮可做鞭打龙袍，鳝鱼骨头可吊浓汤。全黄鳝宴席，可有五六十个菜品。

扬州菜系中的三头宴菜品，以红扒全狮头为主的白切猪头肉、卤猪舌、红油拌猪耳；蟹粉狮子头、生鱼狮子头、文蛤狮子头等；天麻拆烩鲢鱼头等数十个三头宴菜品。还有无刺刀鱼宴菜品，刀鱼冷菜、热菜有双边刀鱼、金狮刀鱼、水晶刀鱼、锅贴刀鱼、拔丝刀鱼等 40 多个。

扬州菜系中有三套鸭，家鸭、野鸭、草鸽三位一体，有鸭套大乌参、水晶鸭方等 30 多个菜品。

扬州菜系用最简单的原料，制作最有名的菜肴，有扬州的葵花大斩肉（狮子头），集刀工、火工之精粹，其诀窍可用八个字来概括：肥五，瘦五，细切，粗斩。以箸夹之，完整实在，纳入口中，嫩如豆腐，肥而不腻，瘦而不化，成为当今扬州传统名菜。可随时配置，春天配上笋尖，夏天配上河蚌，秋天配上河蟹黄，冬天配上风鸡，各具特色。还有大煮干丝、肴肉、肚肺汤、螺蛳炒韭菜、蛤蜊炒韭黄等，都是粗料而精工细作的淮扬名菜。

淮扬菜素以炖、焖、烧、烤、煮等烹调方法擅长，注重火工，以炖焖为主，具体按照菜肴要求和原料质地及刀工来准确掌握火工，以达到酥烂脱骨而不失其形、滑嫩爽脆而不失其味之效果。如三套鸭、焖大鲍翅、清炖蟹黄狮子头、鸡火裙边、砂锅野鸭、联珠八宝鸭、大煮干丝等菜品。

淮扬菜在历史上多次同南北烹饪技艺的交流中，既吸取了南方菜鲜脆甜的特色，又融化了北方菜咸色浓的特点，形成了自己甜咸适中而又微甜的风味。汤清则见底，浓则乳白，虽淡不薄，虽浓不腻。炖清鸡汤等制作尤其讲究，是制作高级宴席的必备好汤料。用料重、制作精、汤汁清、口味醇，选用草鸡、草鸭、猪瘦肉、火腿等好料吊汤。制作山珍海味的鱼翅、海参、鱼肚、燕窝等无味的食材，必须用清鸡汤来调味后，才能鲜醇滑糯可口。

淮扬菜除了讲究选料、火工和调味以外，还以造型和色泽著称，菜肴配色：春季菜肴要俏丽一点，夏季要浅淡一点，秋季要多彩一点，冬季则深浓一点。厨师还擅长用食品瓜果雕刻人物、花卉、鱼虫等，用戏文中的西瓜灯作为宴席的点缀宫灯，图案典雅，古色古香。

## 独树一帜的扬州焖菜

扬州厨师行中有句俗语：千滚不如一炖。如老鸡、老鸭，用大火煮几个小时而不烂，如果采用焖，便可以省时，可以酥烂。淮扬菜常以焖来突出菜肴的原汁原味，成菜后汤醇味厚，这在众多中国菜中表现了它的独到之功。焖，在火候上具有极为严格的要求，焖制的时间较长，人们常将这类菜肴称为火功菜。焖菜按投放的调料可分为酒焖、糟焖、酱焖等，按菜肴卤汁的颜色可分为红焖、黄焖，还有煎焖、炸焖、生焖、熟焖等。

焖的方法：将原料打理好后，要经过煎、炸、煸、烤、氽等预热处理，再放进砂锅或铁锅中，加汤或水及调料，盖好焖盖，上大火烧开，改用小火，较长时间地加热，使菜肴酥烂入味而不破碎，汤醇稠厚，食而不腻。

焖菜一般选用中高档原料，突出主料，配上少量辅料。如鱼翅要用排翅，配上鸡、鸭、猪肉、冬笋、莲子等。另如扬州狮子头，火候时大时小，时急时缓，时长时短，不仅要按照所选用的原料特征加以应用，还要根据菜肴成品的质量要求灵活掌握。

炖制的成品菜肴，要求酥烂而不失其形，需脱骨而仍保持其形态，这就是讲究火工的具体反映。例如扬州名菜清炖蟹粉狮子头，所用的主料猪五花肉，因肥瘦各半，加之用细切粗斩之法，加工成石榴米丁，做成大丸状，稍有不慎，极难成形，所以肉丸半成品炖制时需用旺火，下沸水，使其外表迅速凝结成形，而在焖炖时以小火促进热量平稳渗透，才能使其滋味外溢而形态保持完整，制成品肥嫩异常却不散，用匙舀食，嫩如豆腐，堪称一绝，可为扬州炖菜之代表。

炖菜技法变化多样，是扬州菜的特点。扬州炖菜有数十个品种，它们既反映了炖的共同规律和特点，又体现了不同炖菜品种的特色。这就是根据不同品种选用不同原料，采用不同的炖制方法。原料新鲜，味感好，即用陶瓷器皿盛装后，先用大火，而后小火一次性炖制成功。如清炖母子鸡、清炖甲鱼、清炖鸡火裙边等，汤清味醇正。

扬州炖菜选料广泛，一年四季可选用不同的原料，除了禽畜品种之外，有水产的甲鱼、黄鳝，还有火腿、冬笋、大白菜，以及山珍海味中的鹿筋、鹿尾、海参、鱼翅等，如鸡包鱼翅、鸭包海参、金银蹄等腹内藏珍炖菜品，有三位一体、制作精巧、风味别致、制成品食后回味无穷的三套鸭子，炖制成半汤半菜，汤清菜映，各具风韵。

扬州烹调久负盛名。淮安、扬州、镇江同处漕运一线，菜肴风味基本相同。像淮安文楼的蟹黄汤包相比扬州，原料、制法、特色大体属于同一流派，点心亦如此。故扬州菜系除包括本地区菜肴外，也包括淮安菜（称淮扬菜）、镇江菜（称镇扬菜），因此也有人说：浙江菜与扬州菜渊源于同一菜系。就风味而言，都是"南味"。确实有点大同小异。南京一度称扬州菜，也有人称金陵菜为扬州菜。扬州菜肴的主要特色是：选料严格、制作精细、主料突出、注重本味、讲究火工、擅长炖焖、原汁原汤、清则见底、浓则乳白、咸甜适中、南北咸宜。扬州地处江河湖海之间，物产丰富，发展烹调有雄厚的物质基础，这从贡品上可见其一斑（《尚书》记载夏代即有"淮夷贡鱼"）。

以上浅说的淮扬菜特点，都是几十年来所听到、看到，并在川扬帮菜系中几代老师傅共同制作过程中学到的。笔者不是扬州人，但几十年来一直同扬州师傅和四川师傅工作、生活在一起，我的师傅师娘是扬州江都人，另一位师傅是四川富顺人，因为笔者喜欢川扬菜、热爱川扬菜系。

# 上海何派川菜味型配置

烹饪作为一门艺术，主要是给人们味觉的感受。美味的菜肴人人爱吃，但由于地理、气候条件的制约，物料的出产，人们饮食习惯的不同，对菜肴味道的要求也就不尽相同。常言道：南甜北咸，东辣西酸，虽然不能概括幅员辽阔的中国各地口味的特点（甚至有学者研究以为中国古代的口味是南咸北甜），但是，一个地区一个菜系的口味，总是有其自身规律的。就四大菜系重要组成部分的川菜系的"味"来说，就有"七滋八味"以及"一菜一格、百菜百味"之说。由于川菜系对"味"的特别研究，烹饪界就有"吃在广州（现在也有说'吃在上海'），汤在山东，刀在扬州，味在四川"的高度评价。川菜除了原料选用、调料使用、烹饪技法等方面有若干不同于其他菜系的特点外，最大的不同是一个"味"字。川菜的味型多，味别更多，而且富于变化，具有浓郁的地方风味和乡土气息。特别是上海的何派川菜，既保持了正宗川菜的乡土风味，又有创新改变，适应更加广泛的国际大都市各方人群的味觉需求。何派川菜创始人何其坤大师用麻、辣、咸、甜、酸五种基本味调制了 20 多种味型,适合做冷菜和热菜。技艺高超的何派川菜师傅能够以葱、姜、蒜、油、盐、酱油、花椒、辣椒、胡椒、醋、糖、花生酱、麻油、芝麻、胡油、红油、豆豉、甜面酱、油辣子、酒酿汁、酒酿、黄酒、糟蛋汁、糟卤、芥末、清汤、奶汤、高汤、洋葱、干辣椒、泡辣椒、五香粉、郫县豆瓣辣酱、子姜、蚝油、茄汁、油咖喱、炒米粉等各种调料，以及桂皮、八角、山柰、三七、肉桂、草果、甘草、丁香等香料，精烹巧配，制成鲜味型、咸香味型、咸甜味型、红油味型、蒜泥味型、怪味味型、家常味型、腴香味型、椒麻味型、麻辣味型、酸辣味型、胡油味型、麻酱味型、糊辣味型、糖醋味型、香糟味型、芥末味型、麻香味型、香酥味型、蜜汁味型、甜香味型、荔枝味型、五香味型等 20 多个味型，光冷菜就有 10 多个味型。其中家常味型、怪味味型和腴香味型这三个味型的菜肴是受众面最广、最脍炙人口的。

何派川菜中辣椒是用得较普遍的调料。但何派川菜辣而不烈，辣而不燥，辣得香口，辣有层次，辣有韵味。辣椒给何派川菜带来了划时代的变化。时下，上海的川菜满台大红，满口麻辣，直叫人苦笑不得。其实，麻辣只是正宗川菜的一味，何派川菜大厨巧用香辣、麻辣、酸辣、咸辣等味型，轻麻、微辣，五味调和，加之蒜泥、陈皮、腴香、家常、怪味等味型，辣椒功不可没。何派川菜发扬光大，历久弥新。难怪张爱玲小说《色·戒》中，开头、结尾都有太太们聚食"蜀腴"的描述。而众多当年随父母享食蜀腴的老人，到了耄耋之年，都要品尝硕果仅存的何派川菜。

## 何派川菜味型

| 序号 | 味型 | 调料 | 味感 | 代表菜肴 |
|---|---|---|---|---|
| 1 | 家常味型 | 郫县豆瓣辣酱<br>泡红辣椒、葱、姜<br>蒜头、青蒜苗、生抽<br>料酒、糖、鲜粉<br>鲜汤、湿淀粉<br>熟油、麻油 | 咸鲜微辣带甜<br>香味浓厚 | 家常海参、回锅肉<br>干烧明虾、干烧鳜鱼<br>豆瓣鱼、原笼粉蒸牛肉<br>荷叶粉蒸肉、回锅蹄髈等 |

| 序号 | 味型 | 调料 | 味感 | 代表菜肴 |
|---|---|---|---|---|
| 2 | 荔枝味型 | 生抽、盐、醋、糖<br>葱、姜、蒜头<br>鲜粉、熟油<br>湿淀粉、料酒 | 咸甜酸并重<br>先酸后甜带辣 | 合川肉片、合川鱼片<br>肉片锅巴、合川鸡片<br>合川茄饼等 |
| 3 | 酸辣味型 | 胡椒粉、醋、葱<br>姜、料酒、生抽<br>鲜粉、鲜汤<br>湿淀粉、熟油<br>麻油、少许糖 | 咸酸辣而鲜<br>香味浓醇 | 酸辣鱿鱼卷、酸辣海参<br>酸辣鱼皮、酸辣鱿鱼锅巴<br>酸辣汤、酸辣面等 |
| 4 | 麻辣味型 | 花椒粒、花椒粉<br>干辣椒、辣椒粉<br>红油、熟油、麻油<br>生抽、盐、葱<br>姜、蒜头、蒜苗<br>郫县豆瓣酱、料酒<br>糖、老糟汁 | 麻辣咸鲜香<br>略有甜味，麻辣<br>浓郁 | 水煮牛肉、水煮鱼片<br>麻辣牛蛙、水煮猪腰片<br>麻辣鸡块、干煸鳝背<br>干煸牛肉丝等 |
| 5 | 糊辣味型 | 干辣椒、红油、生抽<br>料酒、花椒粉、葱节<br>姜片、熟油、鲜粉<br>湿淀粉、糖、醋<br>精盐、麻油 | 干辣香咸鲜<br>略有酸、甜、麻 | 宫保鸡丁、糊辣兔丁<br>糊辣牛肉片、糊辣鱼条<br>糊辣冬笋等 |
| 6 | 腴（鱼）<br>香味型 | 泡红辣椒、葱、姜<br>蒜头、醋、糖<br>料酒、熟油、生抽<br>湿淀粉、鲜粉<br>精盐 | 咸辣酸甜并重<br>葱姜蒜芳香四溢 | 腴香腰花、腴香藕丝<br>腴香肉丝、腴香脆皮鸡<br>腴香茄饼、腴香涨蛋<br>腴香肝片等 |
| 7 | 姜汁味型 | 老姜汁、精盐、糖<br>鲜粉、醋、料酒<br>花椒粒、熟油<br>麻油、葱节、姜片 | 咸鲜、香味浓郁<br>略有甜而醋香 | 姜汁热鸡、姜汁肘子<br>姜汁螃蟹、姜汁鸭舌<br>姜汁肚片等 |
| 8 | 咸酸味型 | 干辣椒、花椒粒<br>葱、姜、蒜头、醋<br>精盐、生抽、鲜粉<br>料酒、熟油<br>泡红辣椒、湿淀粉<br>麻油 | 咸鲜酸辣<br>带甜而香麻<br>酸味重于咸味 | 醋溜鸡丁、醋溜白菜<br>醋溜鱼片、酸菜肚片<br>泡菜鱼片、醋溜鸭肝等 |

续表

| 序号 | 味型 | 调料 | 味感 | 代表菜肴 |
|---|---|---|---|---|
| 9 | 椒盐味型 | 一份生花椒粉加两份精盐配成椒盐；葱、姜、料酒干生粉、熟油麻油、鸡蛋 | 咸麻鲜香外脆里嫩味鲜美可口 | 椒盐八宝鸭、椒盐蹄髈椒盐猪手、椒盐排骨酥炸春花等 |
| 10 | 酱香味型 | 甜面酱、生抽蒜头、葱、糖鲜粉、料酒、熟油麻油、湿淀粉 | 咸鲜甜酱香味浓厚味美醇 | 酱爆鸡丁、酱爆肉丝酱汁冬笋、酱核桃仁酱爆肉、酱爆茄子等 |
| 11 | 麻酱味型 | 芝麻酱、白糖精盐、熟油、麻油鲜粉、鲜汤红油、醋、葱 | 咸鲜香麻酱味浓厚略有甜酸而辣 | 棒棒鸡丝、拌猪腰片麻酱鲍鱼球麻酱肉粉皮、麻酱鸭丝等 |
| 12 | 胡油味型 | 胡萝卜、植物油胡萝卜煮烂成泥用油熬成胡油萝卜蓉葱、姜、精盐鲜粉、麻油、鲜汤 | 咸鲜清香味美而具有丰富的营养 | 胡油烧豆腐、胡油鸡片胡油河虾仁胡油烧丝瓜胡油炒鱼片等 |
| 13 | 咸辣味型 | 干辣椒、油酥辣椒青辣椒、生抽、精盐鲜粉、葱、姜料酒、湿淀粉花椒粒、辣椒粉 | 咸辣干香味鲜美略带麻味 | 辣子鸡丁、干椒子鸡干椒鱼条干椒牛肉片、干椒茭笋等 |
| 14 | 甜香味型（甲） | 白糖、冰糖麦芽糖、清水熟油、芝麻 | 甜味浓厚清香松脆酥软回味咸鲜 | 琉璃核桃、拔丝山药拔丝红枣、水晶藕饼油炸冰激凌、高丽肉高丽香蕉豌豆双泥、炸羊尾等 |
| 15 | 甜香味型（乙） | 冰糖、清水 | 甜味清香滑爽醇正可口 | 红梅踏雪、龙眼哈士蟆冰花燕窝、菠萝鱼脆红杞银耳、琥珀莲子木瓜燕窝枫斗燕窝、欢聚年年等 |

| 序号 | 味型 | 调料 | 味感 | 代表菜肴 |
|---|---|---|---|---|
| 16 | 酥香味型（甲） | 花椒粉、桂皮、八角山奈、葱、姜、料酒精盐、干葱、干姜干生粉、鸡蛋、熟油麻油、糖、花椒盐茄汁、糖粉、面粉、生粉 | 咸香酥松内嫩肥而不腻 | 香酥鸭子、香酥飞龙炸扳指、炸子盖锅烧鸭子麻糖锅炸、酥炸蟹膏等 |
| 17 | 酥香味型（乙） | 干面粉、生粉鸡蛋、面糠熟油、麻油花椒盐、茄汁 | 外脆酥内嫩咸鲜味香浓 | 生炸了鸡、酥粉鱼排高丽鱼条黄金肉、蛋酥花生等 |
| 18 | 酥香味型（丙） | 黄酒、麻油网油、甜面酱京葱、鸡蛋干生粉、熟油鲜粉、生抽 | 酥香外脆内嫩味鲜美油而不腻 | 叉烧酥方、叉烧乳猪叉烧鳜鱼叉烧火方、叉烧鳝方等 |
| 19 | 酥香味型（丁） | 熟油、葱汁姜汁、胡椒粉鲜粉、料酒精盐、麻油干生粉、蛋清 | 咸鲜松酥内嫩味美可口 | 锅贴豆腐、锅贴鸽蛋锅贴刀鱼、锅贴鲜带锅贴蟹黄锅贴虾仁、锅贴鱼方等 |
| 20 | 咸鲜味型（甲）（色泽金红） | 生抽、冰糖白糖、料酒精盐、鲜粉、葱姜、熟油麻油、湿淀粉 | 咸鲜带甜清香味鲜醇 | 红烧熊掌、红烧野兔东坡肉、板栗烧肉生烧鸡翅葱烤酥鱼、红烧环喉等 |
| 21 | 咸鲜味型（乙）（色泽浅红） | 生抽、料酒精盐、冰糖胡椒粉、葱、姜鲜汤、鲜粉熟油、麻油、湿淀粉 | 咸鲜略甜味雅淡、顺口质地软糯 | 干烧排翅、红烧鱼唇烧牛头方、红烧驼峰干烧冬笋、红烧羊肚菌等 |
| 22 | 咸鲜味型（丙）（色泽淡红） | 冰糖、精盐鲜粉、高汤料酒胡椒粉、湿淀粉 | 咸鲜略带甜清雅味美 | 红烧燕窝、山珍鹿蹄红烧鹿尾、烧筋舌尾等 |

续表

| 序号 | 味型 | 调料 | 味感 | 代表菜肴 |
|---|---|---|---|---|
| 23 | 咸鲜味型（丁）（色泽金黄） | 生抽、白糖、精盐料酒、胡椒粉葱、姜、蒜头鲜粉、熟油麻油、湿淀粉 | 咸鲜甜味香浓厚 | 蒜枣裙边、板栗焖鸡红烧海参、松茸鲍角等 |
| 24 | 白汁咸鲜味型 | 精盐、高汤白油、鲜粉胡椒粉葱、姜、料酒 | 咸鲜味浓郁可口浓而不腻 | 白汁鹿筋、白汁鱼唇白汁鳜鱼、拆烩甲鱼拆烩鸭舌掌、刷把冬笋等 |
| 25 | 清汤菜味型 | 精盐、鲜粉胡椒粉、清汤 | 清鲜淡雅回味略有甜味 | 鸽蛋肝膏、鸡豆花金狮刀鱼、开水白菜清汤燕窝、山水豆腐鸡蒙竹荪、绣球干贝联珠大乌参清汤辽参、推纱望月 |
| 26 | 奶汤菜味型 | 精盐、白油胡椒粉、鲜粉奶汤、葱、姜 | 汤浓白如奶咸鲜味浓浓而不腻，顺口 | 奶汤素烩、李鸿章什烩浓汤鱼肚、奶汤三菌奶汤蹄花、奶汤酥肉等 |
| 27 | 怪味味型 | 花椒粉、油辣子葱末、姜末、芝麻酱辣油、麻油、绵白糖米醋、糟蛋黄、蒜泥生抽、葱白、盐鲜粉、豆豉末、料酒等 | 五味兼备麻辣味长麻辣咸鲜酸甜香各种滋味互不相压 | 拌菜如怪味花生怪味鸡丁、怪味牛肉怪味豆腐干、怪味肺片等白灼鱼片、肉片和素食材用开水氽熟蘸料食用 |

# 公馆菜与官府菜

中国菜因历史悠久、技术精湛、品类丰富、流派众多、风格独特等特点而举世闻名。

公馆菜与官府菜是在中国菜的基础上出现和发展起来的，其形成有着一定的土壤。旧时北京官府多，府中讲求美食，并各有拿手好菜，以招待同僚或比自己职位高的官员。官府菜在规格上一般不得超过宫廷菜，而又与庶民菜有极大的差别。贵族官僚之家生活奢侈，资金雄厚，原料丰富，这是形成官府菜的重要条件之一。笔者认为，公馆菜多为文化、艺术、医学人士在自家设宴招待朋友知己，排场不如官府菜大。

公馆菜与官府菜分南味、北味，不管南味还是北味，都具有华贵珍奇、讲究典式规格的特点，无论是菜肴的取名、造型、盛器还是上菜程序，都有独到之处。

上海何派川菜厨师应用北菜川烹、南菜川味的烹调方法，在上海菜的基础上不断发展创新，形成了上海何派川菜公馆菜与官府菜的独特风格。

1948 年笔者在上海"正兴菜馆"当学徒时，钱道源、何其坤两位师傅对笔者说："以前到公馆和官府上去烧菜，厨师一到府上，佣人就马上报告府上东家，女主人很热情地出来迎厨师，厨师进门后，女主人叫佣人泡茶，并吩咐厨师今天请客具体要求、大致几点钟开席，需要什么原料请佣人拿给厨师。"

当时，公馆菜与官府菜的形成方式有三种，一种是东家在酒楼菜馆定好高档宴席菜肴，并请这家酒楼菜馆的厨师、服务员、下手（负责将厨师所需的菜肴原料放在担子里挑上门，还要做切配工作）各一名，上门烧菜，称为"下灶"；第二种是公馆和官府中有技艺高超的家厨，外面同行称其为"拎小篮子的"；第三种也是东家请酒楼名厨上门烧，但是不需要带原料，东家会事先准备好高档食材，厨师只是上门操作。

解放初期至 1956 年间，笔者曾到巨鹿路 600 多号的陈公馆烧过几次。钱道源、何其坤两位师傅对笔者说："去公馆、官府烧菜，大部分原料人家都有的，只要带一点特殊的调料。厨师一个人去就可以了，佣人会帮忙打下手的。到公馆和官府去烧菜，除了讲究选料新鲜，刀工精细，火候、调料准以外，还要讲究造型和色泽，春天菜肴要俏丽一点，夏季菜肴要浅淡一点，秋季菜肴要五彩一点，冬天菜肴要色深一点，一年四季口味不同，还要用各类瓜果做点雕刻，作为宴席上的点缀。"

## 公馆菜与官府菜的特点

具体来说，公馆菜和官府菜有哪些特点呢？笔者根据 60 多年来的实践经验，粗浅总结了几点关于上海何派川菜的公馆菜和官府菜的特点。

### 原料珍贵　选料精细

以稀少珍贵之物作为烹调原料，如山珍中的熊掌、飞龙、山鸡、野兔、竹鼠、鹿筋、鹿尾、鹿鞭、鹿脯、虎丹、竹荪、松茸、羊肚菌、猴头菇、燕窝、驼峰、驼蹄、哈士蟆油、石鸡等，海味中的鱼翅、干贝、鲍鱼、鱼唇、文蛤、花胶、鱼皮、广肚、裙边、明虾等，河鲜中的河虾、鳜鱼、鲫鱼、阳澄湖大闸蟹、黄河鲤鱼，长江中的鲥鱼、刀鱼、白水鱼、土步鱼等。

牛要选牛头大、牛蹄子粗壮的；乳猪要选肥而结实、未断奶、不吃食的小肥猪，重量为 5 千克，不能超过 5 千克，也不能少于 4.5 千克；羊要选羊毛细密柔软的；鸡要鸡鸣声长而亮的；兔子要双目明亮的；鲜鱼要鱼休挺直的；米粒要明亮有光泽的……

### 讲究围、配、酿、镶

公馆菜与官府菜十分重视图案造型，手段主要是围、配、酿、镶。无论冷菜还是热菜，一般都由两种以上拼法组成，如双拼、三拼。老师傅说，有钱人家不吃单一品种菜肴的，单一属于"寡妇菜"，也就是说一盘菜中不能只有一个品种，一盘菜中要有围边，上来要像盆景那样美观，并都可以吃。就算是有单一的菜肴，命名上一定要有"一品"两字，如"一品酥肉""一品熊掌"。在装盘上，讲究饱满平整，规格上讲究不大不小、不多不少，在操作上讲究量口下刀。

所谓"配"，是指成菜的原料要成双结对，搭配协调，如"游龙戏凤""母子相会""绿女穿纱裙""金狮戏绣球""五朵金花""竹报平安""罗汉鳜鱼""红棉虾团""掌上明珠""游龙戏金钱""龙抱凤蛋""红娘自配"等，这都是用二三种不同的原料组成的，经过精湛的烹调，造型美观。

所谓"酿"，是指将各原料去皮、去骨、去筋、去粗，取精细原料、软嫩原料，加工成米粒或末、蓉、泥，酿在另一种整块、整只的原料内，如整只的青红椒、竹荪、羊肚菌等，制成"金色年华""白汁羊肚菌""八宝辽参""葫芦八宝鸭""联珠大乌参"等。经过烹制成菜后，使菜肴完整、饱满、鲜香味美。

所谓"围"，是指用煮熟的另一种食品围在一盘熟菜肴的周边，且围边的菜肴要做得小巧玲珑，量要少，主要作装饰，但也要可吃，使整盘菜肴美观，有观赏性。但是，围边的食品与盘中的菜肴色泽要有所区分，如"蜜汁火方""罗汉鲫鱼""寒地藏归""红南雪衣""明珠鲍鱼"等，使整盘菜肴更丰满，造型更有观赏性。

所谓"镶"，是指一种原料再镶上另一种原料，同"酿"有点类似，但"镶"的另一种原料是明的，而"酿"的另一种原料是暗的，镶好后在镶的原料上还要装点一些图案，如各种花草、盆景等图案，使菜肴更有观赏性，但一定是可食用的，如"花浪香菇""金狮刀鱼""锅贴金腿""凤尾燕窝""红梅踏雪""锅贴鸽蛋"等。

围、配、酿、镶虽是不同的烹调工艺，但在操作中又往往是互相包容的，围中有配、配中有镶、镶中有酿，不可自然分开，是一项比较复杂的烹饪技术，因此要求厨师具有比较全面娴熟的技艺和艺术鉴赏能力，以体现公馆菜与官府菜的特点。

### 主料配料均讲究刀法

制作公馆菜与官府菜的每一道工序都有严格的刀法要求，既要令菜肴入味，又要考虑造型美观，还要顾及原料性质和菜肴特色。

就拿一整条鱼来说，有让指刀、兰草刀、箭头刀、棋盘刀、葡萄刀等各种刀法，如红烧整鱼、干烧整鱼用兰草刀，酱汁鲳鱼用棋盘刀，清蒸整鱼用箭头刀。

除了主料讲究刀法，配料的刀法也要严格区别，不能混同，如以冬笋、黄瓜、萝卜、莴笋、茭白、山药等硬性蔬菜作为配料，配片时要用不同刀法切成不同的片状，如羽毛片、佛手片、柳叶片、蝴蝶片、骨牌片、菱形片等，厚薄均匀；切丝时，有细丝、二粗丝、头粗丝等，要粗细、长短一致；还有丁、条、块、段之分，丸、球、饼、花之别，以及刀下生花雕刻等。

整鸭、整鸡、整只鹌鹑等拆骨时，要做到骨不带肉、肉不带骨，三刀拆全鸭，不超过3分钟。十几年前，李红和沈立兵这两位中年高级烹调师在上海南京西路新镇江大酒家内拼档时制作的无刺全刀鱼宴，刀技了得，一条200克重的刀鱼有1400多根细刺，全部拆净后再拼摆成完整的一条刀鱼。李红可在二三分钟内将一只不超过100克的小鹌鹑完整拆骨，而且骨头不带肉，肉不带骨头，皮肉上无一个伤洞，用来烹制葫芦八宝鹌鹑。

口味有特定称法

公馆菜与官府菜的每一道菜肴口味都有一个准确而又生动的称法，这些称法有的是根据口味特点而定，有的是根据调味而定，还有的是根据烹调技法而定。

比如"干烧鱼"就是以烹调技法而定的，装盘后，鱼色泽金黄，亮油不吐汁，鱼汁全收进鱼肉内，滋味鲜美，鱼肉爽滑入味，咸中带点辣，后味香甜，这几种滋味层次分明，故将这种口感称为"梯子口"。"松子酥肉"的用料是酱油、糖、葱、姜，比例大致相同，上口咸、甜、鲜、香、软糯、肥而不腻，所以称为"三致口"。"蟹黄狮子头"称"红光口"，"香酥八宝鸭"称"净贤口"，"走油蹄髈"称"天堂口"，"香酥鸭"称"满酥香口"，"京葱大乌参"称"吐汁口"，"黄鳝烧肉"称"龙虎口"，"炸溜里脊肉"称"文霞口"，"绍酒焖肉"

称"东坡口"，"鱼香肉丝"因咸酸甜辣四种滋味兼备且互不相压，均匀地出现在口中，故称"追风口"。

公馆菜与官府菜的口味以复合味居多，有"一菜多味、百菜百味"之说，在调味上分类众多，要求极为严格，每一道菜肴要突出主味和原味。一般不用味精，主要靠高汤，要吊两种以上高汤，因此吊汤技术十分重要。高汤有清汤、奶汤、蔬汤、鱼汤，由这四种汤烹制的菜肴味醇而浓，清淡味雅，风味奇特。在吊汤用调料的选择上十分严格，尤其对调料的产地、品质有一定要求，如黄酒要选绍兴产，陈醋要选山西产，糟卤要选太仓产，乳腐要选浙江产。

### 菜名典雅富贵

公馆菜的菜名很多来自民间，如"红嘴绿鹦鹉""金镶白玉""独脚蟹""小摇汤""如意菜""产刀汤"等，而"东坡肉""太白鸭子""狮子头""松鼠鳜鱼""五柳鱼"等菜名则为官府菜独创。

对于菜肴名称，有突出原料和烹调方法的实命名，如"香酥鸭"以"香"与"酥"命名；也有以主料与制作方法命名，如糖醋黄鱼；还有以主料与调料命名，如清蒸鲥鱼；香橙虫草老鸭则以名贵药材命名。

大部分公馆菜与官府菜的菜名追求吉祥富贵、讨口彩，如龙凤呈祥、招财进宝、金银满屋、步步高升、蒸蒸日上、四季平安、掌上明珠、锦绣前程、迎春报喜、大地回春、福星永临、带子上朝、一品熊掌、四代同堂、福寿双全、全家福、年年有余等，也有不少沿用古代宫廷内的命名方式，如黄金肉、葵花献肉、金钱虾饼、金凤卧雪莲、一品麒麟面、欢聚年年、玉桃猴首、清汤虎丹、鸿运当头、将军过桥、太极双甜等。还有的菜名是公馆和官府的主人品尝后认为好吃而即兴取名，也有名不副实的菜名是主人同官厨们信口开河编造的，但也带有典雅富丽的特点。

### 讲究盛器

俗语说得好，美食配美器。这从另一个方面强调了盛器在宴席中的重要意义。

我国饮食文化素来把菜肴的色、香、味、形、养、器六大要素作为一个有机体，可见，器具与菜肴有着同等重要的地位。

公馆与官府的主人为了彰显地位、权势、财力，不论在祭天、祭祖、婚事、寿事、小孩满月，还是逢年过节、平日招待豪华贵宾等场合，都讲究用餐的规格，有的要用银质餐具，有的要用铜质餐具，有的要用玉器、象牙、玉石等，喝茶用盖碗，酒壶用锡壶等。餐具镶边的各种文字、图案也都非常奇特，有花卉、翡翠、玛瑙、珊瑚等。·

## 公馆菜与官府菜的菜肴设计

公馆菜与官府菜的菜肴设计很重要，就像建筑工程师设计建筑一样，要美观、大气、实用。菜肴设计不仅是加热前的一道准备工序，也是体现烹调技艺的内容之一。

首先要知道今天要宴请多少位客人，宴请的具体要求，如规格、特色、口味（甜、咸、酸、辣）等。大致情况明确后，再设计菜单。

### 主辅料设计

要明确主料用多少，辅料用多少，用什么辅料来衬托主料。如"油爆双脆"，主料是鸭胗或鸡胗（净量150—200克）、猪肚尖（净量150—200克），一紫色、一白色，辅料就要配青或绿色的来衬托，如莴笋或青椒，辅料量一般在80—100克就够了。成菜后三种颜色大方美观，主辅料都脆嫩爽口，使这道菜肴在色彩上、口感上都比较完整。

又如"胰香腰花"，主料是剞成花的猪腰，辅料要配荸荠、黑木耳。猪腰三只（300—400克）；荸荠100克批成厚片，每个批2—3片；黑木耳6—7朵。成菜后紫色、米白色、黑色三种颜色，主辅料都脆嫩爽口。

对于鱼翅、海参、熊掌、驼峰、牛头、兔唇、燕窝、豆腐、粉丝等本身滋味不突出的主料，要用鸡、鸭、猪骨等吊成的高汤来烹制，使得无味的主料软糯、味醇、鲜美。

### 质地设计

如果主料是软性的质地，那么衬托的辅料也要软性的；如果主料是硬性的，那么辅料同样也是硬性的。

### 色彩设计

一般来讲，一道菜肴如果其主料是白色的，那么辅料一定要配上青、绿或黄、黑、红色，选其中1—2种，但辅料的用量只能占主料1/4。不能为了美观而配上几种颜色的辅料，否则适得其反。

如炒虾仁，主料虾仁是白色的，用量300—350克，可以配上翠绿的小豌豆粒30克、熟火腿丁30克。这道菜肴突出洁白色虾仁内有适量翠绿色小豌豆粒和淡红色的熟火腿丁，颜色鲜艳，鲜美嫩滑，是很完整的一道菜肴。如果颜色过多，红、黄、蓝、黑，那不是变成炒什锦或八宝辣酱了吗？

又如干煸牛肉丝一菜，牛肉丝经过煸炒后，变成咖啡色，那么辅料就要用青绿色来衬托，可以用芹菜或青蒜苗及泡红辣椒。牛肉丝如果用量为500克，那么辅料需100—150克。成菜后，青、红、褐三色，美观大方，麻、辣、咸、鲜，略甜干香，成为一道经典的四川名菜。

### 营养设计

在烹制芙蓉鸡片、清炒河虾、凤尾燕窝、清汤哈士蟆、推纱望月、红烧燕窝这类菜肴时，不可用葱、姜、蒜、酒、胡椒粉、花椒、酱油等调料。而烹制山海双参、天麻炖鸡、香橙虫草老鸭、黄精蒸脐门等菜肴时，不可配白萝卜。

### 盛器设计

不同的菜肴要用不同深浅的盆和盘盛装，如无汤汁的菜肴宜用平圆盆盛装，具体用法如下：

1. 饮茶应用盖碗茶碗或盖杯；

2. 装干果、水果、糖果、糕点，一般用直径20—27厘米的圆形玻璃高脚盘；

3. 四道垫底的小点心，干的用直径27—33厘米的平圆盘，如有汤水的装小盅口汤碗，配上小汤匙、象牙筷或银筷；

4. 八仙四喜双拼选用直径20—27厘米的圆平盘；

5. 十道热炒菜，无汤汁的装直径40—53厘米的圆平盘，有卤汁的装直径53—67厘米的深一点的大圆盘（约2厘米深）；

6. 装整菜（大菜）用直径 60—80 厘米的大圆盘或长腰盘；

7. 装汤菜用直径 80—93 厘米的大品碗或大品锅；

8. 配直径 6—10 厘米的口汤小碗、小汤匙、分筷；

9. 装点心用直径 47—60 厘米的大圆平盘；

10. 备酒盅、酒杯、蘸小料小碟子；

11. 随饭菜用直径 20—27 厘米的平圆盘；

12. 饭碗直径 13—17 厘米等。

贵宾进门八座设计

1. 席间摆放迎宾四品花蕾（杨梅红、千年红、紫酱红、玫瑰红），讨口彩，喻长寿之意。

2. 进门坐后，敬上盖碗双喜茶，一种是香气馥郁、回味甘醇的红褐色云南沱茶；另一种是青龙凤凰茶，色泽淡黄绿明亮，滋味清雅顺口，回味甘甜。

3. 四贵果：琉璃桃仁、长生果仁、开花瓜子、脱袍栗子。

4. 四水果：红皮甘蔗、田野荸荠、池塘嫩藕、松江红菱。

5. 四味垫底小点心：蟹黄小笼、枣蓉酥盒、红油钟水饺，这些小点心要做得尽量精细小巧，再配甜、咸赖汤圆，跟绵白糖和花生酱各两碟。

6. 侍娘备酒：一白酒、二绍兴花雕、三老糟酒，可乐、橙汁。

7. 蘸卤汁：酱麻油、芝麻酱、泡红辣椒、椒麻汁、芥末酱、红乳汁、糖醋汁、花椒盐、葱油、毛姜醋、甜面酱、油酥辣椒酱等十二小蝶。

8. 四喜双色拼盘

①陈皮河虾拼熏鱼：此冷菜桃红色配咖啡色，陈皮河虾甜中带咸鲜，陈皮芳香浓醇，熏鱼咸中干香鲜酥松。

②批南拼椒麻鸡片：此冷菜前者浅黄色拼浅灰色，干香淡鲜酥软，后者鲜嫩辛辣、鲜香美味。

③鲍鱼拼红卤鸭脯：此冷菜前者米白色，后者杨梅红，前者脆嫩鲜美，后者咸甜软嫩，味鲜美可口。

④竹荪拼香菇：此冷菜前者洁白色，后者浅黑色，前者脆嫩爽口，后者咸辣中带甜，味鲜美。

以上四双拼冷盘、八色七滋八味皆为上海何派川菜美味，至今盛传不衰。

十全十满十热炒

1. 凤尾燕窝

此汤菜为吃完冷菜后上的第一道汤菜，汤清如水、造型美观、清鲜淡雅。让贵宾吃上一道热汤菜，可暖胃。

2. 软煎虾团

此菜造型美观、软嫩脆香、味鲜美，吃完汤菜后吃一道干香菜肴，别有风味。

3. 福星永寿

此菜是一黑一白，特别滑嫩、鲜美爽口、肥而不腻。

4. 锅贴宣腿

此菜为双色菜肴，一红一紫红，酥脆干香、脆嫩鲜美。

5. 掌上明珠

此菜色泽美观，鸭掌上酿一颗透明珍珠，味清鲜雅淡，汤汁鲜美。

6. 五柳鱼丝

此菜是将杜甫的五柳鱼改良而成，五彩缤纷，滑嫩味美。

7. 火蓉花胶

此菜是一道高档海味，花胶是一种黄唇鱼的胶，经温水涨发后，用高汤火蓉（熟火腿、虾肉蓉）细烩，成菜质地软糯、味鲜美。

8. 绿女穿纱裙

这是一道素菜，青绿色的小菜心穿上洁白色纱裙，用清汤煨透，菜心软糯，纱裙脆嫩，清香爽口。

9. 锦绣凤丝

这是一道荤素混搭菜肴，内有洁白的鸡丝、红色的宣腿丝、浅黑色的香菇丝、黄色的胡萝卜丝、翠绿色的青椒丝及泡红辣椒丝，要求长短、粗细均匀，成菜脆嫩清香，味美爽口。

10. 开水白菜

此汤是十道热菜的压轴菜，看上去如同一碗开水放着几棵白菜，故名"开水白菜"。此汤菜清淡素雅、清澈见底，菜色泽保持娃娃菜心的黄秧白本色，形态完美，嗅之雅香扑鼻，食之柔嫩化渣，鲜香异常，真会使人有不似珍肴胜似珍肴之感。一碗开水白菜汤入腹，可解酒除油腻，重振食欲。


二次开席

品尝好这一道开水白菜后，侍娘宣布休席，东家主人安排听戏的听戏，跳舞的跳舞，玩牌的玩牌，饮茶休息谈事务等，经过四五个小时后，约晚上 9 时，重新入座开席用晚餐。第二次开席不用冷菜，而是用整菜（也称"大菜"）。

头道：干烧金山钩（背翅）。色泽金黄，鱼翅四周围上一圈翠绿色的小菜苞，鱼翅软糯、味醇鲜美，菜苞清香爽口。

二道：叉烧鸭方。色泽金黄，香气扑鼻，酥松软嫩，鸭方中间一簇紫红的清炸菊花鸡胗，脆嫩鲜美，芳香可口。

三道：兰花鸽蛋。这是道汤菜，造型美观，汤清如水，鸽蛋滑嫩，清鲜雅淡。

四道：福如东海。色泽金黄，滋味独特，咸中带辣、辣中带甜，鲜香味美。

五道：寒地藏归。色泽艳丽，鲜香浓醇，软糯味美。

六道：金凤卧雪莲。色泽雪白，形如一只金凤凰卧在雪堆内，鸡肉酥嫩，味鲜美，滑嫩可口。

七道：蜜汁火方。此菜造型独特，中间一堆桃红色的宣腿肉，围上一圈冰糖莲子，莲子外边围上一圈黄色冰糖南瓜，最外圈围上雪白的荷叶小馒头，宣腿肉甜中带点咸鲜味，夹着荷叶小馒头食用，味美。

八道：罗汉鳜鱼。造型美观，滋味清香，鱼肉滑嫩鲜美。

九道：竹报平安。红、白、青三色透明、美观，滋味清香、脆嫩。

十道：三鸡一吃。这是整菜中最后一道汤菜，汤清味鲜美，鸡肉嫩滑。

四喜美点（二甜二咸、二干二湿）：干菜小包、担担拌面、红豆汤圆、龙眼哈士蟆。

随饭菜八味碟：咸鲜莴笋、泡萝卜、泡藠头、盐水花生、姜汁黄瓜、泡红辣椒、糖醋蒜头、泡莲花白，同时，将熬的米粥和米饭一起上桌。

用完后，收完台上所有杂具，侍娘再送上双喜盖碗茶和四水果、四生果。

散席，主人笑眯眯地送客，时间在凌晨 3 点。这一席公馆宴席总共有 50 多道菜，分下午一场、晚上 9 点一场，共分两场用完，用餐时间超过 12 个小时。

# 浅说菜肴的烹与调

　　中国烹调是以"味"为核心、以养为目的。家庭餐桌上的菜肴也要讲究色香味形养、质感、盛器、保健食疗的和谐统一。烹调是一门简单却又深奥的手艺，要吃得好、吃得健康，首先要简单了解一下烹和调的关系。

　　不论多么新鲜的荤素食材，总是或多或少带有一些致病的细菌或寄生虫，烹的作用和目的，首先就是把生的食物，通过加热变成熟的食品，起到杀菌消毒作用。二是使食物中的养料分解，便于人体消化吸收。三是使各种食物原料的滋味混合成复合的美味，让食物变得芳香可口。

　　调的目的是使菜肴滋味鲜美、色泽美观、除去异味。如牛肉、羊肉、水产品等往往有各种较重的腥膻味，加热后可除去一部分。在烹调过程中再加上适量葱、姜、蒜、料酒、大料、酱油、糖、熟油等，爱吃川菜味的再配上少许花椒、辣椒、醋等特种调料，成了川菜味型中的麻辣味、酸辣味等，增进了菜肴的风味。所有的调味品都是用来提味添香、增加菜肴美味的。特别是有些原料淡而无味，难以引人食欲，如豆制品、冬瓜、萝卜、粉皮、芦笋、茭白、海参、鱼翅、鱿鱼、鲍鱼、肉皮、鱼肚、白木耳、燕窝等，要适当配上葱、姜、蒜、醋、糖等调味品，或配上有味的猪肉、鲜鱼、开洋、咸肉等食材同煮，才能使原料变成美味可口的佳肴，特别是山珍海味的食材，要配上鸡、鸭、干贝、火腿、猪瘦肉等和高汤一同烹调，才能成为滋味鲜醇的珍馐。

通过调味来定位菜肴口味。菜肴的口味多种多样，有咸、甜、酸、辣、麻、鲜、香等，都是通过调味和味型来实现的。同类原料、同类烹调方法，只要调味方法不同，菜肴的口味也不同。就拿炒肉丝来说，有青椒炒肉丝，不放酱油，炒白色，用到的是精盐和鲜粉，咸鲜味型；茭白炒肉丝中放一点生抽，同时要放少许糖，呈金红色，咸鲜中略有甜鲜。川菜中的腴香肉丝，用烧鱼的调料，加点泡红辣椒，滋味是香咸酸甜微辣，肉丝细嫩，葱姜芳香四溢。调味品的加入，还可以丰富菜肴的色彩，从而使菜肴色彩浓淡相宜，外形美观。放酱油使菜肴呈金黄色或酱红色，放咖喱粉使菜肴呈淡黄色（如咖喱牛肉、咖喱鸡块等），番茄沙司使菜肴呈鲜红色（如咕咾肉、松鼠大黄鱼、茄汁鱼片等），红乳腐汁使菜肴呈玫瑰红（如乳汁烧方肉、乳汁鸡块、乳汁空心菜等）。

实际操作中，烹和调是紧密结合在一起的，除个别冷菜外，热菜大都烹中有调、调中有烹，很难分开。大家对照本书，多多实践操作，相信定能提高烹调技术。

# 浅说菜肴的滋与味

　　热爱烹调的人们，总是想烧一桌滋味好的菜肴给全家老少品尝。在烹制菜肴时，首先要有原料，如各种蔬菜和各种家禽家畜、肉类、海鲜河鲜，这些原料有的作为主料，有的作为辅料，还要用油、水、汽等传导物体，使原料由生变熟，再用各种调味品，通过烹饪，使原料有"滋味"。滋味好的菜肴人们总是很爱吃，吃完还会咂咂嘴，露出赞美的笑意，说味道好极了。

　　根据上几代恩师的实践和教导，其实"滋"和"味"不是一回事。滋的形成除了取决于原料的质地外，同食材中所含汁液的多少有很大关系。恩师在教导中说道，如烹调牛、羊、猪、鸡、鸭等，多汁则淡而不可食，少汁则熬而不可熟，要了解这个原理。汁是含有某种物质的液体，原料中的汁液在做菜时起到很重要的作用，它能溶解调味品，浸渍原料入味，传热使原料成熟。新鲜的原料本身含有一定的汁液，但汁液少了或多了，都会使烹出菜肴的滋和味不正。上几代恩师教导，"滋"就是由菜肴的质地和所有原料含汁液的多少而决定的，当然还有原料的新鲜程度和食材的老嫩"口感"，即嫩、老、酥、烂、脆、硬、醇、爽等。烹饪时要掌握好菜肴的口感，使菜肴嫩而不生、老而酥软、酥而不散、烂而不糊、脆不起松、爽而脆嫩、醇而味美、硬而脆松等，还有滑嫩爽口、外脆内嫩等。

以水为传导物体的烹饪方式有炖、烩、汆、煮、熬、烧、蒸等，大多数菜肴是带汤汁的，使原料内部可溶性物质酚脂醇流入汤内，形成乳白浓厚的汁液。需要注意的是，烹制这些菜肴时大都先用旺火烧开，调中火慢煮，待原料将成熟时再用大火收汁即成。烹煮时间一般较长，使菜肴口感酥、软、烂、糯，滋味醇厚，味道鲜美，汤汁浓白。

用油为传导物体的烹饪方法常见的有煸炒、生炒或煎贴等，用料广泛，有荤有素，口感也很多，可大都因汁液适量，以嫩为主。如生炒鱼片、虾仁、鸡片、肉片、猪腰、猪肝等，一般都是滑嫩脆爽、味道鲜美。还有用油炸的，分生炸和熟炸。生炸大都要先上浆、拍粉、挂糊等，再炸成菜肴，口感外脆内嫩、酥松好嚼，如松鼠鳜鱼、松鼠黄鱼、糖醋黄鱼、面拖小黄鱼、酥粒鱼排、咕咾肉等，都是生炸，炸脆后配上调料，滋味更佳。因为原料内部汁液不得外溢，原料上过浆、拍过粉，生炸后泡在汁内收干，一般都有外酥脆内嫩的特点。也有不拍粉、不上浆清炸的，如上海熏鱼、油炸烤子鱼、清炸菊花胙等。熟炸一般是蒸熟后再炸成菜肴，口感外酥内嫩，滋味鲜美。

以汽为传导物体的菜肴，由于原料本身一部分汁液渗透出来被蒸发后都在汤汁和原料内，外观酥烂完整，滋味特别鲜美。

那么什么叫"味"呢？《清稗类钞》记载李慎吾尝食扬州南门外法海寺所制焖猪头肉，第二年告诉好友林重夫说："食之越年，尚齿颊留香，言时津津有味也。""味"为什么能久远呢？我们知道，味是人们通过舌鼻等感觉器官而感觉到的美味气味，如酸甜麻辣咸等五味，这是味的化学物质溶解于水或唾液中，只要没有进入肠胃，留在口腔里细嚼慢咽，始终香味隽永而不失。至于怪味、鲜美等，都是由"五味"调和而产生出来的。但在烹调菜肴时，食材居水中者腥味重，食草者膻味重，食肉者臊味重，这些食材的本味可能是人们接受不了的，需要烹调者用五味六辛清除掉腥膻味。三材是指水、火、木，一般六辛是指香葱、老姜、蒜头、香菜、韭菜、洋葱，这些辛有散发之用，可杀菌抗病毒，并有食疗功效。要突出原料美味，一定要五味调和，配制好七滋八味。五味是指酸、甜、麻、辣、咸；七滋是指麻、辣、酸、甜、咸、鲜、香；八味是指菜肴的味型，有麻辣味型、怪味味型、椒麻味型、红油味型、蒜泥味型、酸辣味型、家常味型、腴香味型，这八种味型是川菜中的特种味型。关于咸鲜味、糖醋味，每个菜系中都有的，但川菜中的咸鲜味和糖醋味与其他菜系也有不同。要使菜肴滋味鲜美，除选用食材新鲜之外，主要是用调料、水火来实现的，调料是形成菜肴的基础，水火是做好菜肴的根本，这是上一代恩师总结出来传给我们晚辈的烹调财富。

就像什么季节穿什么衣服，烧菜也要注意季节。春天菜肴要俏丽一点，夏天菜肴要清淡滑嫩一点，秋天菜肴要色彩丰富一点，冬天菜肴要深浓一点。春天多点酸味，夏天多点苦味，秋天多点辣味，冬天多点咸味。但有些地方特色风味菜肴是一年四季不变的，否则将人家地方特色搞乱，也是不对的。

另外，配菜时要搭配好，有味者要搭配无味者，使有味者吐味给无味者，无味者吸收味。如海参、鱼翅、鱼肚、鲍鱼、肉皮、牛筋等山珍海味高档食材，以及冬瓜、萝卜、豆腐、粉皮等，这些食材都是无味者，烹调时要配上有味的食材，如火腿、干贝、咸肉、鸡、鸭、猪肉、虾蟹、鱼、高汤等，这样才能滋和味相互联系在一起，形成不可分割的整体。

一盘完美的菜肴，应该说是滋和味互为条件的，滋味俱全才能为人们所爱吃。调味品只有溶解在汁液里，才能充分显示出来，被人们的味觉神经所感觉。菜肴的滋味里只有溶解了调味品，才能增加滋味，二者缺一不可。如川菜中的陈皮牛肉，上海的熏鱼、烤子鱼等，经过油传熟后，一部分水分被蒸发，但原料本身热度较高，原料内部很需要水分，这时将炸好的食材放进预先调制好的卤汁内浸渍一下，加热收汁，就成了有滋有味的菜肴，并突出了原料的美味。酸甜辣咸香麻等菜肴的味，主要通过调味来实现。

我国的烹调技术历史悠久，几千年来创造了几万种烹调菜点，而且东南西北中各有不同的地方特色风味，成为我国一份宝贵的文化遗产传给我们后代。以上就是我作为何派川菜传承人的一点体会。

## 如何吊汤

吊汤又称制汤，是把蛋白质与脂肪含量丰富的动物性原料以及植物性原料放在水中煮，使原料中的蛋白质、脂肪、氨基酸等溶解于水中，成为鲜汤，以作烹调之用。我国各地名菜和高级宴席菜肴的制作，几乎都和鲜汤的使用密不可分。

汤的好坏对菜肴的质量有着很大的影响。厨师界有句行话：唱戏的腔，厨师的汤。可见汤在烹饪中所起的作用。厨师必须要有好的汤，才能做出色、香、味、形、营养俱备的菜肴。尤其对于一些不具鲜味的原料如燕窝、鱼翅、鲍鱼、鱿鱼、裙边、鱼肚以及一些蔬菜类，不仅能起到增鲜和调味的作用，而且能增加营养。

据说，吊汤工艺由先秦时期煮制"肉羹"的方法演化而来，最迟到南北朝时期，提取汤汁的方法已成一项独立的烹调技术。

吊汤的原料很多，就一般饭店而言，都是从正料上拆下的下脚料来吊高汤和奶汤的，如鸡脚、鸡颈、鸭脚、猪碎骨、猪肉上修下的边角料、去下的肉皮等。俗话说得好，只要厨师多留神，下料就可吊汤用。

汤有荤汤、素汤、鱼汤三大类。荤汤一般可分为头汤、二汤、清汤、毛汤、高级清汤、奶汤等。吊荤汤的原料都是动物性原料，即猪、鸡、鸭、鲜鱼等，无鸡汤不鲜，无鸭汤不香，无猪蹄髈汤不浓，无猪肚汤不白。素汤则用植物性原料，如各种鲜笋的老头、黄豆芽、胡萝卜、白萝卜、美芹、葱、姜。

烹制不同的菜肴，必须用不同的汤汁。以水代汤是不可取的，有些厨师用清水加味精代之，影响了菜肴的质量和营养。

当然，也有些菜肴是不用汤的，适当放点味精亦可。如油炸的菜肴不用汤汁，粉蒸的菜肴不用汤汁，冷拌的菜肴不用汤汁，拔丝、挂霜、糖醋、椒盐等菜肴，也可不用高汤。

从中国菜肴烹制的多样化、规范化技法而言，对于汤汁、味精的运用，应该是该用的必用，不该用的就不用，更不要乱用。这是一个合格厨师的基本技能。下面具体谈一下荤汤、素汤、鱼汤的制作方法。

如何吊荤汤

1. 将鸡、鸭、猪精肉等洗净、焯水、漂清，以吊 500 毫升头汤为例，用上述原料 250 克旺火烧开后去浮沫，放些葱姜，用小火烧煮 4—5 小时，取出头汤 500 毫升。

2. 吊过头汤剩下的鸡、鸭、肉、骨头渣内再放 500 毫升清水烧开，再将猪肚、肉皮、碎骨头等焯过水洗净，放在一起烧煮，再放入适当葱姜，烧开后撇去浮沫，煮 3—4 小时，汤水白、浓为止。此汤可用于砂锅三鲜、煮干丝、狮子头、烧肉皮、蹄筋等荤素菜肴。

如何吊素汤

素汤分为浓汤和清汤两种，用途也有所不同。

1. 吊素清汤：将黄豆芽、鲜笋老头、扁尖笋、鲜蘑菇、白萝卜、胡萝卜、美芹、葱、姜等原料洗净，但鲜蘑菇、扁尖笋要焯水后再洗净；然后各种原料 500 克，加清水 1000 克，旺火烧开后放适量葱姜，转小火烧煮 3—4 小时，即成清汤。

此汤可用于高档素菜肴，如清汤银耳、扣素三丝、燕窝鸽蛋、丝瓜白玉汤等。

2.吊素浓汤：将吊素清汤的渣，再加洗净的香菇根、黄豆芽加油炒透后，加清水一起下锅，用旺火烧开，撇去浮沫，煮3—4小时，即成奶白色浓汤。此汤可用于烧烤麸、素鸡，烩汤羹类菜肴。

### 如何吊鱼汤

先将多余的鱼头、鱼尾、鱼骨架等边角料洗净，用猪油把葱、姜煸炒出香味，下鱼杂料炒几下，加黄酒和清水，用旺火烧几分钟，煨十几分钟，改用小火慢熬30—40分钟，再用旺火烧几分钟，见鱼汤汁白浓，捞出鱼渣和鱼骨，加少许盐即成鱼汤，待冷却后备用。此汤多用于烧桂花黄鱼羹、鱼丝烩面、砂锅大鱼头等。

如家庭逢年过节聚会，要烧出一桌菜肴，可以先提前吊好汤，再制作菜肴就得心应手，菜肴美味又有营养。吊好的汤水待冷却后，可装在容器内放入冰箱，使用时取出即可。

# 几点交代

在正式进入按菜谱烹制菜肴之前，还有几点需要交代一下。

一是购买食材时，不论鸡鸭鱼猪、牛羊虾蟹等，都要保证原料新鲜，特别是死的甲鱼、河蟹、黄鳝、牛蛙、鲍鱼等绝对不能烹调食用。

二是在食材烹调之前一定要清洗干净，斩切时要掌握好刀工，丁、条、丝、块、片、粒，大小、粗细、厚薄等，都要尽量均匀。炒鱼片、炒肉丝、炒虾仁，丁、片、丝、条等都要预先上浆，然后才能烹调（虾仁不切，但要沥干水分再上浆）。

三是要掌握好火候。有些菜肴要吃嫩一点的，但要嫩而不生；有些菜肴要烧得熟一点，但要熟而不老。另外，烧菜看火很重要，特别是家庭烧菜，更要注意安全。

四是烧任何菜肴（除了烧汤），锅一定要烧热，并要用油滑锅。具体方法：锅洗净，上火烧热，用油滑锅。将滑好锅的油倒在盆内，锅再上火烧热，用油滑锅。锅不烧热就放油烧菜，是烧不好的。特别是炒鱼片、炒虾仁、炒肉丝，锅一定要烧热，并用油滑二次锅后再炒。

本菜谱所收何派川菜五味调和、七滋八味、一菜一格、百菜百味的经典菜肴和名小吃有灯影牛肉、虾须牛肉、怪味兔丁、怪味花生、棒棒鸡丝、椒麻鸭掌、蒜泥白肉、红油拌猪腰片、麻婆豆腐海鲜、回锅肉海鲜、酸辣鲈鱼、腴香肉丝、宫保鸡丁、丁香草鸡、陈皮牛肉、红油水饺等，同时也有高规格的宴席和

公馆菜、官府菜，如红烧花胶、开水白菜、红扒羊肚菌、清汤
连珠大乌参、水晶鱼翅（人造）、明珠吉品鲍、罗汉鳜鱼、金
银鸽蛋、红棉虾团、罗汉上素等，用料精而广，食味讲究清和鲜，
原料搭配健康而讲究时令。

　　另外，根据一年四季和中华二十四节气，大自然与人体天
人相应的规律，制定了春夏秋冬主题宴席菜式，如按四时节令，
有春季的无刺刀鱼宴系列 30 多个菜品，夏季的黄鳝宴系列 40
多个菜品，秋季的极品全蟹宴系列 30 多个菜品和全鸭宴系列
30 多个菜品，冬季的甲鱼宴系列 30 多个菜品和三头宴系列 20
多个菜品，还有竹荪宴系列菜品、鱼肚宴系列菜品、鲍鱼宴系
列菜品等，以及食疗保健宴、菌菇宴、公馆宴席等高规格菜品。

# 致谢

　　本书的出版，得到了众多友好的关心与支持，在此表示衷心的感谢，他们是：《食品与生活》杂志社社长都卫先生、两任主编吴春先生和王瑾小姐；上海新镇江大酒家总经理郑茵女士；上海烹饪协会培训部负责人应曼萍女士，以及张晓春女士、徐长宁先生、林若君女士、王纬女士；绿杨邨酒家原总经理王玉珊先生。感谢《新民晚报》副刊部副主任龚建星（西坡）先生和《新民周刊》主笔沈嘉禄老师为本书作序，他们都是美食家，对本书的内容编排提出了许多宝贵建议；感谢书法家茆帆为本书题写书名；感谢支持我将出书的想法付诸实施的程皓先生及上海华皓会计师事务所。还有帮助文字整理录入、照片拍摄的人员，有些可能都叫不出名字，是他们的默默奉献，成就了本书。当然，还要感谢上海文化出版社的领导，以及承担本书编辑和装帧工作的老师们。我烧了一辈子菜，但出书还是头一遭，没有那么多人的帮助，我的这个心愿是难以实现的。

　　最后需要向读者致歉的是，本菜谱中有一部分菜品的照片源于多年前制作拍摄，因本人保管失当，影响质量，所以呈现效果不甚满意。《食品与生活》杂志的王瑾主编得知本书出版过程中遇到的菜肴图片上的困难，欣然提供了曾经拍摄的笔者制作的菜肴照片。另有一部分菜肴笔者重新制作拍摄，但有些原料难觅，笔者早已退居二线，力有不逮，只能使用质量不高的老照片，还望读者海涵。

中国烹饪大师名人堂尊师塑像

春生万物，各种植物在田地里藏了一个冬季，开春时节慢慢从泥土里钻出，长成脆嫩鲜美的食材，让人们烹制出新鲜美味的佳肴，享受口福。

当季蔬菜

韭黄、草头、竹笋、青豌豆、芹菜、马兰头、枸杞头、空心菜、荠菜、蚕豆、青菜、莴苣笋、鸡毛菜……

当季荤食

小黄鱼、鳜鱼、河鲫鱼、河虾、草鱼、鲳鱼、带鱼、刀鱼、土步鱼、鲈鱼、甲鱼、蛤蜊、火腿、咸肉、虾米（开洋）、猪瘦肉、海参、鲍鱼、海蜇、鸡蛋、鸽蛋……

烹饪要诀

春季菜肴不妨俏丽一点。当季食材要保鲜得法，时令品尝，烹制前一定要洗净。烹制时掌握油温火候，要熟而不老，嫩而不生，清淡鲜嫩，淡而有味，淡而不薄，浓而不腻，浓而味醇。成菜后，咸中有微微的甜，甜中有鲜味。如要吃川味，要辣而不烈，是轻麻微辣，酸甜咸鲜香，五味调和。

# 葱扒海参

【原料】

水发海参500克，京葱2根，小菜心10棵

【调料】

葱姜少许，鲜汤300克，植物油70—80克，生抽50克，老抽15克，料酒50克，麻油15克，糖、鲜粉、胡椒粉、湿淀粉各适量

【制法】

1.将水发海参洗净肚内、肚背，肚内用手剥清内脏和沙粒，背面外层用小刀刮净黑水沙膜。用清水漂清，切成二寸长、一寸宽的条块，放入水锅，加葱姜、料酒煮10分钟后捞出，放入清水盆内。

2.京葱去根、去青叶，切成二寸长的段，再切丝。

3.锅洗净烧热，放油滑锅倒出，再烧热，放50克油，将京葱丝下油锅翻炒，炒至京葱变黄时，再将海参沥干，倒入锅内，放各种调料，盖上锅盖煮5分钟。

4.用小火焖5分钟，见锅内汁少一半时加糖、鲜粉、胡椒粉，试味，收汁勾芡，再浇上熟油、淋上麻油，即可装盆。小菜心炒熟，围在海参四周上席。

【特点】

此菜呈酱红色，吃口软糯滑爽，味香鲜美。海参营养丰富，高蛋白，低脂肪，味咸性温，有补肾益精、养血润燥之功效。

高血压、血管硬化、冠心病、肝炎等患者，常食海参有益。

【提示】

购买水发海参时，买肉质厚点为好，如明玉参、刺参、大乌参等大些更好。烹制海参一定要有高汤，家中若无高汤，可买200—300克猪瘦肉切片，同海参一起烹制，一同上席，京葱还是要放，菜名可改为"猪肉扒海参"。

*此菜品由何派川菜第四代传人、高级烹调师吴霖芳制作。*

# 丁香草鸡

　　丁香鸡在三十前由丁厨娘在上海独创，成为上海首批名特小吃之一。业内人称"丁厨娘"者，乃国家级技师丁健美也，曾任绿杨邨酒家华山店总厨。她不仅继承了绿杨邨前辈的厨艺精髓，创新的"丁香鸡"更令她声名远扬。香港新鸿记地产老板郭先生和夫人、八佰伴国际饮食集团老板来上海绿杨邨吃到丁香鸡后，同静安区领导建议丁香鸡到香港去开分店，一定也吃香。果然，1995年，香港铜锣湾开设上海绿杨邨分店，丁香鸡挂上头排，香港同胞共品丁香鸡，交口称赞。

【原料】

散养草母鸡

【药包】

人参、丁香、蛤蚧、茄皮等数十种中药

【蘸料】

丁香粉、山柰粉、花椒粉、黄芪粉、葱姜末、精盐、鸡精、麻油

【制法】

1. 当年散养之草母活鸡活杀洗净，温水下锅煮，水开后，转小火焖20分钟。

2. 人参、丁香、蛤蚧、茄皮等数十种中药用纱布包好，浸在预先煮好的冷鸡汤内，配成药卤。

3. 捞出草鸡，放入药卤内浸一个小时，使鸡肉入味。

4. 将鸡捞出，去掉鸡骨，撕下鸡皮，切成一寸半长、一寸宽，鸡肉斩成一寸半长、八分宽，拌上一点麻油装盆。

5. 将鸡皮覆盖在鸡肉上，不必蘸料便可食用。如再配上一碟由丁香粉、山奈粉、花椒粉、黄芪粉、葱姜末、精盐、鸡精、麻油等特制的丁香料蘸一下，味道更浓郁。

【特点】

一盘斩得十分均匀的丁香鸡上席，皮黄肉白，淡雅迷人，上缀碧翠香菜，让人赏心悦目。随鸡而来的一碟褐色调料，油卤光彩，细细品味，觉得无论在鸡种选择还是在烹制和调味上，的确与众不同，可以独树一帜。

【提示】

丁香鸡要达到外形美、吃口好，除了"兴鸡之利、除鸡之弊"的十多味药材与草母鸡共烹，还需要正确掌握火候，巧用热胀冷缩的原理。

# 一品核桃松子酥肉

一品核桃松子酥肉不是普通的红烧肉，也不是酱方东坡肉，而是档次比较高的一块酥肉。特别是逢年过节、过生日、做大寿等高档酒席总是少不了这块肉。老话说：无肉不成席。一般酒席上走油肉、走油蹄髈等，高档酒席则用一品核桃松子酥肉、蜜汁火方、锅贴金腿、烤方、叉烧乳猪等。过去这块酥肉一般在普通家庭是烧不出的，官府和上层知识家庭中都有家厨，才能做得出这块肉。在学徒时听老一辈恩师说：所谓一品菜名，才算是官府人家菜肴，是要讨口彩，同其他带皮红烧法不同。此菜十几年前由何派川扬菜第四代传人沈振贤、沈立兵、杨隽等技师制作，在绿杨邨有供应。

【原料】

猪五花肉 1 块（要三精三肥带皮的肋条肉 800—1000 克，一般在四寸宽、五六寸长），核桃仁 4—5 只，松子仁 30—40 粒，绿叶菜 250 克（豆苗、菠菜、鸡毛菜均可），鸡蛋 1 只

【调料】

植物油 150 克，黄酒 50 克，酱油 50 克，糖 20 克，干生粉 5 克，鲜粉、盐、葱、姜各适量

【制法】

1. 将带皮肋条肉去掉肋骨另用，肉一批两爿，一爿是精肉和肥肉，一爿是带皮全肥肉，将带皮肥肉的肉皮放在火上烤，烤到皮有焦味，放进冷水中泡半小时，捞出用小刀将焦处刮

净洗净，在肥肉一面剞上十字花纹待用。

2. 将另一只有精有肥肉批片切丝，再切米粒大小的粒；葱姜切末；核桃仁用温水洗一下。将葱姜末、料酒放进肉末内，加鸡蛋1只，拌上一点干生粉，加一点盐和鲜粉等，将肉拌上劲。

3. 在一只带皮肥肉上拍上少量干生粉，再将肉糊贴在肥肉上。将核桃仁沥干水分，和松子仁一起放在肉糊上，摊平压紧拍平。

4. 锅上火烧热，放100克油，烧至七八成热，将带皮肥肉肉皮朝下在油锅内煎约2分钟，用热油浇在精肉上面，见整块肉成形，将油倒出，放4—5根葱、2—3片姜，黄酒、酱油一起放进锅内，烧约3—4分钟，加清水800—1000克浸没一块肉烧开，用小火慢烧70—80分钟，见肉酥软，放糖收汁。

5. 另一锅，将绿叶菜洗净煸炒。待肉收成浓汁时装在大长盆内，将炒好的绿叶菜围在肉周围，即可上席品尝。

【特点】
色泽金红，周围绿色，咸中带甜，鲜香酥软，肥而不腻，并有食疗作用。

【提示】
此菜装盆时，肉皮朝上，配上刀叉上席最佳，主人用刀划成小块，使食客方便食用。家庭若有条件，煎好肉放调料烧开后，放蒸碗内，封好口上笼蒸70—80分钟取出，再下锅收汁加准调料。上笼蒸的话，汤汁不要多放，200—300克即可；如上火煮，则汤汁要多一点，放800—1000克。

## 干煸鱿鱼丝

鱿鱼肉质细嫩，味道鲜美，食用口感远超乌贼。鱿鱼可食部分达98%，可鲜食，大部分被加工成干制品（鱿鱼干）。鱿鱼干和鲍鱼、干贝、鱼翅、海参、花胶、鱼肚等被列为海产"八珍"，在国内外市场上均享有较高的声誉。鱿鱼干在烹调前需要进行涨发。

【原料】
干鱿鱼300—350克，肥瘦猪肉100克，鲜笋150克，泡红辣椒2只（约20克）

【调料】
植物油75—80克，料酒、鲜粉、生抽、麻油各适量，葱、姜各10克

【制法】
1. 冬笋除去壳、笋衣和老根，取用鲜嫩部分放在开水锅内煮熟透，放入冷水内待冷，切横细丝。猪肉切成两寸长的细丝，泡红辣椒去籽后顺切成丝，葱姜洗净，切成两寸长的细丝。
2. 选用大张鱿鱼1只，去头去尾（头尾另用）。将鱿鱼卷紧，横切成细丝，用温水淘洗两次，洗净沙粒，捞出沥干水分。用小碗配上料酒、生抽、鲜粉调成卤汁，放一点湿淀粉，待用。
3. 锅上火烧热，用油滑锅。放50克油，再烧至四五成热，将鱿鱼丝下锅煸炒，火不要太旺，用中火不断煸炒至匀，见鱿鱼丝有点卷起时，再将肉丝下锅一起炒。

4. 见肉丝成形半熟后，放葱姜、泡红辣椒，同鱿鱼一起炒透，随后小碗卤汁下锅，用旺火不断炒干卤汁，淋上麻油，即起锅装盘上席。

【特点】

亮油不吐汁，色泽金黄，干香味美，具有泡辣椒、葱姜香气，保持鱿鱼鲜香原味，为下酒下饭佳肴。

【提示】

鱿鱼头尾部分，可用冷水浸泡一天一夜，第二天捞出洗净，去掉鱿鱼头、眼珠、牙齿和鱿鱼外衣，切丝后用温水余一下捞出，配上切成一寸长的中芹与葱姜末。锅上火烧热，放油烧成六七成热时，葱姜末下锅，放入鱿鱼同中芹一起煸炒，放盐和鲜粉，即成芹菜鱿鱼丝一菜。

## 红烧燕窝

　　越南会安洞燕是最有名的洞燕，这种燕窝涨发力不错。"头期会安白燕盏"是会安燕子第一次筑的巢，很名贵，它的外形弧度较大，像一只小碗。缅甸的洞燕燕盏略带黄色，比较薄，质地比较硬，浸泡时间要长达 8—10 小时，要炖 2 小时才能放冰糖。一般缅甸和菲律宾等地的燕盏质地较次。

　　燕窝的吃法多种多样，有甜味吃法，如冰花燕窝、椰汁燕窝、杏汁燕窝、虫草炖燕窝等数十种；也有咸的菜肴，如清汤燕窝、竹荪燕窝、凤尾燕窝、燕窝鲍鱼、鸡茸燕窝、红烧燕窝等数十种。

【原料】

干燕盏 50—60 克，精火腿 30 克，顶级清汤 150 克，火腿汁 50 克

【调料】

鲜粉、精盐、湿淀粉各少许

【制法】

1. 将干燕盏泡在冷水盆内 2—3 个小时，漂尽羽毛，洗尽杂质，捞出再泡在开水内涨发约 1 小时，洗净后捞出沥干水分，装在碗内，加顶级清汤，用保鲜纸封好碗口，上笼用旺火旺汽蒸 20—30 分钟，取出倒去汤汁，扣在烩盆内。

2. 火腿煮熟，切成一寸长的细丝，放在燕窝上。

3. 炒锅洗净上火，将火腿汁 50 克、顶级清汤 150 克下锅，

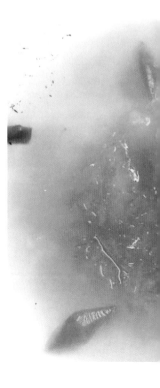

加少许盐、鲜粉烧开，淋上少许湿淀粉勾薄芡，浇在燕窝上，即可上席品尝。

【特点】
色泽淡红，清香滑爽，味道鲜美，是一款高档公馆菜肴。

【提示】
因火腿汁是咸的，锅内汤汁烧开后，先尝一下味道，如果口味够了，可不再加盐和鲜粉，以清淡一点为好，可体现出鲜味。虽名红烧，但绝不能加生抽。燕窝价贵，不论怎样吃法都不能碰油腻。购燕窝时要辨别真假，有些不法奸商会利用猪皮、猪蹄筋和树胶加工冒充。一般假燕窝用开水泡发后，会浮出油花状物，呈软棉状，水不清；真燕窝泡发后会膨胀，手摸上去有点弹性。有树胶的假燕窝泡发很硬，带有点酸味，煮时会出现泡沫；真燕窝烧开后一般无泡沫，这是最大的区别。一般一个人每天可食用 2 克燕窝，多食无用。家中自己制作燕窝最好吃甜的，咸的家中无条件制作，只能到大宾馆去吃。

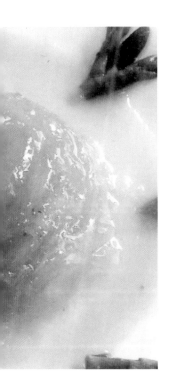

# 绿女穿纱裙

【原料】

小青菜 1000—1200 克，干竹荪 10—15 克，熟火腿 10—15 克

【调料】

清油 50 克，清鲜汤 300 克，精盐、鲜粉各适量

【制法】

1. 青菜去掉菜皮，留菜心（约大拇指大小），用清水洗净，修齐菜根部。干竹荪用冷水泡发半小时，反复用清水洗 2—3 次，再开水泡 10 分钟，捞出沥干水分，修去竹根、竹顶，剪成半寸长的段，竹网、竹顶洗净另用。

2. 竹荪中段用鲜清汤汆一下捞出，菜心汆至半熟。将菜心穿进竹荪中段，菜根修尖开小口，将火腿塞在菜根部小口内，形似绿女穿纱裙。全部穿好后排在圆盆内，加清鲜汤和调料，多余竹网和竹荪放在盆中，上笼蒸 10—12 分钟取出。

3. 将盆内汤汁倒入炒锅中，加清鲜汤烧开勾薄芡，再淋上清油，浇在菜肴上，即可上席品尝。

【特点】

此菜味咸鲜，但清鲜雅淡。菜心酥软，竹荪脆嫩，美味爽口。竹荪与菜心一白一青，略带一点红，造型美观。

【提示】

竹荪制作前一定要多泡洗几次，去除异味和沙砾。竹荪的竹根、竹网、竹伞都可食用，可用来炒肉片、素菜。制作竹荪菜肴都是白烧，不放酱油。家中若无条件蒸，可在锅内放少量清油，加200克高汤，竹荪下锅用旺火烧，烧开后转中火再煮2—3分钟，再将菜心逐棵排在盆内，汤汁加准调料，勾上薄芡，淋上少许清油，浇在"绿女"上，即可上席。

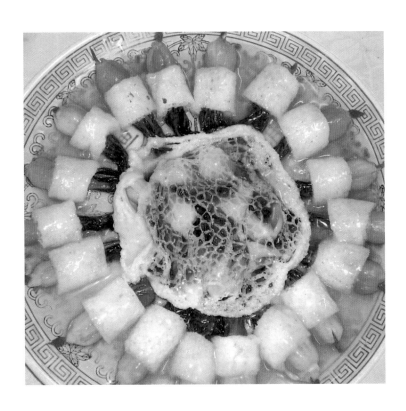

# 一吃难忘是竹荪宴

听传上世纪 60 年代，在欢迎美国总统尼克松访华的宴会上，一道芙蓉竹荪汤引得尼克松连声赞赏，基辛格也竖起了大拇指说，这是你们中国的白珍珠！

竹荪主要产于我国四川、云南和贵州，其他省区也有分布。

竹荪有野生、人工栽培两种，干竹荪每 100 克含蛋白质 19.4 克、脂肪 2.6 克，含氨基酸 16 种。竹荪性温，味甘浓，能活血祛痛，有止痛补气的作用。常见干竹荪品种有三种：长裙竹荪、短裙竹荪和红托竹荪。竹荪菌体笔状，高 12—16 厘米，顶部有钟状菌盖，盖表凹凸不平呈网格，顶端平，有穿孔，菌盖微有酸臭的暗绿色孢体。

竹荪是世界上最珍贵的食用菌，其肉质脆嫩爽口，香气浓郁，味道鲜美，营养丰富。早在八九百年前，我国已将竹荪作为菜肴了，唐代的《酉阳杂俎》和清代的《素食说略》等古籍中，对竹荪的形态、产地、烹调宜忌、味道等有着详尽的记述。瑞士人称它为"真菌之花"，巴西人叫它"妙龄女郎"，苏联人尊它为"菌中皇后"，法国人推崇它为"山珍之王"，我国人民夸它为"植物鸡"。

这么好的烹饪珍品，为什么不可以开发、创制成让人一吃难忘的许许多多冷菜、热炒、整菜和汤羹等美点佳肴呢？

由于名贵山珍竹荪原为野生，产量稀少，价格昂贵，以往一直是帝王御膳和少数有钱人食用。随着时代进步和发展，感谢科学技术的进步，近40多年来竹荪人工栽培已获得很大成功，使得这种珍贵的"植物鸡"进入城市的大小宾馆和酒店，甚至上了普通百姓的餐桌。不少食客问我，竹荪真的也能烹制出一桌竹荪宴席菜品吗？所谓竹荪宴，一定要有冷菜、热炒、整菜、汤羹和美点五个类目。

我对竹荪颇为青睐，在50多年前，为了学懂竹荪的生长和特点，到四川、贵州等地向当地的竹民学习讨教。四川竹民对我说：四川出产竹荪为最好。竹荪是竹根泥土内生出的，一般在6—7月份可收新鲜竹荪，带点淡色，竹荪一般都吹干出售的。竹民自己不吃竹荪，野生竹荪稀少，都出口到东南亚国家。再到成都的锦江宾馆向张德善等大厨讨教竹荪烹调技巧，张师傅说：制作竹荪菜肴一定要干竹荪，用冷水泡软，再洗3—4次，再用开水泡后烹调。竹荪是生在竹根内的，有沙粒和酸臭味，一定要洗净。新鲜的竹荪带点浅红色，不要购买食用。

在几十年烹调生涯中，又吸收了各种菜系的精华，融合贯通，反复实践操作，推出竹荪系列菜品和全竹荪宴菜肴。借此抛砖引玉，满足广大食客一饱口福的心愿，并与同道磋商。

竹荪制作方法有凉拌、热拌、炒、烧、扒、烩、炸、蒸、炖、氽、烫等。

具体竹荪菜肴

竹荪青笋、荠菜竹荪、鸡丝竹荪、竹荪虾卷、水晶竹荪、竹荪罐头鲍、竹荪龙凤卷、竹荪文蛤、蟹黄竹荪、虾圆竹荪、竹荪樱桃、芙蓉竹荪、竹荪肉卷、竹荪鸡腰、竹荪捆燕窝、竹荪扒鱼翅（人造）、竹荪鸡片、竹荪炖乳鸽、竹荪炖竹丝鸡、竹荪炖响螺、三丝竹荪卷、竹荪炖草鸡、竹荪扣瑶柱、琥珀竹荪、荷包竹荪、稀卤竹荪、刀鱼竹网、花浪竹荪、竹荪扒松茸、竹荪粟米羹、竹荪冬瓜球、上汤竹荪、鸡蒙竹荪、桂花竹荪、竹荪肝膏汤、海蜇竹荪、柴把竹荪、绿女穿纱裙、竹荪鸡粥、竹荪春卷、拔丝竹荪等 40 多个菜品。

## 一吃难忘是竹荪宴

冷盆：竹荪青笋、荠菜竹荪、竹荪鸡丝、竹荪虾卷、水晶竹荪、竹荪罐头鲍

热炒：芙蓉竹荪、竹荪樱桃、竹荪肉卷、竹荪文蛤

整菜：琥珀竹荪、蟹黄竹荪、竹荪虾圆、竹荪瑶柱、竹荪扒松茸、绿女穿纱裙、竹荪炖草鸡

美点：竹荪春卷、竹荪捆燕窝

甜品：拔丝竹荪

送上一品生果。

在品尝竹荪宴的同时，还给食客准备一组何派川菜经典名菜，有红卤鸭脯、陈皮牛肉、八味酥鱼、珊瑚白菜、怪味鸡丁、虾须鸭肉、五柳鱼丝、回锅肉海鲜、原笼粉蒸牛肉、宫保鸡片、干烧鳜鱼、家常海参、香酥八宝鸭、白汁松茸、香酥干贝、开水白菜、鸡豆花等任挑选。竹荪宴菜单属上海何派川菜板块。

"一吃难忘是竹荪宴"菜单

| 类别 | 菜品 | 口味 | 色泽 | 烹调技法 | 主要用料 | 特点 |
|---|---|---|---|---|---|---|
| 冷盆 | 竹荪青笋 | 咸鲜 | 青、白、红 | 拌 | 竹荪青笋、火腿 | 脆嫩爽口味鲜香 |
| 冷盆 | 荠菜竹荪 | 咸鲜 | 青、白、黄 | 拌 | 竹荪荠菜、咸蛋黄 | 脆嫩咸鲜香 |
| 冷盆 | 竹荪鸡丝 | 麻香 | 米白 | 拌 | 竹荪熟鸡丝 | 咸鲜麻香略有辣味 |
| 冷盆 | 竹荪虾卷 | 咸鲜 | 白色 | 蒸 | 竹荪、虾仁 | 脆嫩咸鲜香 |
| 冷盆 | 水晶竹荪 | 咸鲜 | 白色透明 | 冻 | 竹荪、五更鸡腿火腿、鸡汤 | 咸鲜滑嫩味美 |
| 冷盆 | 竹荪罐头鲍 | 咸鲜 | 米白 | 焓 | 罐头鲍鱼香菜 | 咸鲜脆嫩滑爽 |
| 热炒 | 芙蓉竹荪 | 咸鲜 | 彩色 | 炒 | 竹荪、蛋清火腿、香菇 | 咸鲜 |
| 热炒 | 竹荪樱桃 | 咸鲜 | 银白 | 烧 | 竹荪五更鸡腿 | 咸鲜滑嫩味美 |
| 热炒 | 竹荪肉卷 | 咸香 | 金黄 | 炸 | 竹荪猪瘦肉 | 咸鲜香酥脆 |
| 热炒 | 竹荪文蛤 | 咸鲜 | 白色 | 蒸、汆 | 竹荪、文蛤火腿、菜心 | 咸鲜脆嫩，味美 |
| 整菜 | 琥珀竹荪 | 咸鲜 | 米白、红色 | 扣、蒸 | 竹荪火腿、鸡肉 | 咸鲜香脆嫩 |
| 整菜 | 蟹黄竹荪 | 咸鲜 | 金黄 | 烧 | 河蟹黄竹荪 | 咸鲜香脆嫩，味鲜美 |
| 整菜 | 竹荪虾圆 | 咸鲜 | 银白 | 烩 | 竹荪虾蓉、火腿 | 咸鲜滑嫩味美 |
| 整菜 | 竹荪瑶柱 | 咸鲜 | 黄、白 | 蒸、扣 | 竹荪干瑶柱 | 咸鲜香味美 |
| 整菜 | 竹荪扒松茸 | 咸鲜 | 白色 | 烧 | 竹荪松茸 | 咸鲜脆嫩味美 |
| 整菜 | 绿女穿纱裙 | 咸鲜 | 青、白 | 烧 | 竹荪青菜心 | 咸鲜脆嫩，酥软 |
| 整菜 | 竹荪炖草鸡 | 咸鲜 | 本色 | 炖 | 竹荪草鸡 | 咸鲜香味鲜美 |
| 美点 | 竹荪春卷 | 咸鲜 | 金黄 | 炸 | 竹荪、猪肉笋、香菇 | 咸鲜香脆，酥嫩 |
| 美点 | 竹荪捆燕窝 | 咸鲜 | 本色 | 炖 | 竹荪、燕窝 | 咸鲜脆软 |
| 甜品 | 拔丝竹荪 | 甜香 | 金黄 | 炸 | 竹荪豌豆芽 | 外酥松中脆爽，内嫩滑 |
| 生果 | 一品生果 | | | | | |

## 棒棒鸡丝

　　这是一款民间小吃，由于烹调技术不断提高，制作讲究，从小吃变成冷菜，再从一般冷菜变成宴席上的冷碟。

　　现今不但川中各地多有此菜供应，随着川菜出省，全国各大城市川菜馆都有此菜，受到更多人欢迎。尽管在制作方法和口味调制上存在不同，但都得到赞同。笔者在四川成都学习工作时，听老厨师张德善传授时说，此菜来源于四川嘉州，上世纪 20 年代传入成都，30 年代上海何派川菜创始人何其林将其带入上海。

【原料】
熟鸡胸肉（鸡腿肉亦可）300 克，粉皮 200 克
【调料】
红油辣椒酱 15 克，芝麻酱 30 克，白糖、生抽、鲜粉、麻油、盐、葱白等各适量

【制法】
1. 将粉皮切成一寸半长、五六分宽的条，放进开水锅内煮开，放少许盐，捞出沥干水分，拌上少许麻油和鲜粉，装在盆子中间。
2. 熟鸡肉用刀背拍松，再撕成二粗丝，装在粉皮上面。
3. 将芝麻酱用 30 克冷开水调成糊状，加红油辣椒酱等调料，淋在鸡丝上面，放上葱白，即可上席品尝。

【特点】

微辣鲜香，味美细嫩。

【提示】

选用新公鸡肉为佳。此是冷菜，注意食品卫生。

此菜品由何派川菜第四代传人、高级烹调师王志远制作。

# 怪味花生

此菜是川菜名小吃，当作宴席上冷碟，又是旅游休闲食品，携带方便。

【原料】
花生仁 500 克，白糖 250 克，盐 500 克（炒花生用），熟芝麻适量

【调料】
蒜汁、姜汁、葱汁各 20 克，柠檬酸 2—3 克，泡红辣椒 15 克，花椒粉 5 克，辣椒粉 4 克，盐、鲜粉各 5 克

【制法】
1. 锅上火烧热，放盐 500 克，用小火烧，将花生仁放进锅内，用铁铲不断翻炒，炒至花生仁熟，起锅筛去盐，另作他用，再将花生仁褪去外衣待用。

2 锅洗净，上火放清水，加白糖，用小火熬制。葱姜蒜都打成汁待用，泡红辣椒斩成辣椒蓉。锅内糖汁熬至起鱼眼睛泡模样时，将葱姜蒜汁和鲜粉、盐、柠檬酸、泡辣椒蓉等一起加入糖汁内，用小火再熬 12 分钟。

3 将花生仁倒入锅内，立即离火，快速翻炒，使糖汁均匀地裹在花生仁上，然后均匀地撒上花椒粉、辣椒粉、熟芝麻，推翻两下，收汁后倒在大盘内待冷，用手将每粒花生仁分散开，不要粘在一起，冷后装入大口瓶内，需要食用时，取出装小碟上席。

【特点】

色泽铁灰色，兼有麻、辣、甜、咸、酸五味，又有香脆化渣的特点，味浓，味厚，十足的川菜风味。

【提示】

熬糖时千万不要粘油。辣椒要去净籽，花椒粉、辣椒粉一定要细。此菜制作并不难，但制作关节较多，每一个小关节都不能疏忽，以免失败告终。四周可围上菜松、蛋松。

# 干烧银鳕鱼

　　干烧是何派川菜中独特的烹调技法。我到川菜老家四川学习时，多位四川老师傅对我说：干烧鱼是我们四川师傅从上海学来的，我们四川有豆辣鱼、辣子鱼，四川最早是没有干烧鱼的。四川成都锦江宾馆厨师总领班人厨张德善老师傅亲口对我说：你们上海川菜师傅的干烧鱼，我们四川人是烧不过的。

【原料】
冰鲜银鳕鱼 500 克
【调料】
甜酒酿 50 克，小香葱 40 克，姜 30 克，郫县辣酱 30 克，清油 50—60 克，生抽、鲜粉、精盐、糖、麻油、香醋各适量，料酒 30 克，泡红辣椒 2 只（约 20 克）

【制法】
1. 银鳕鱼打理干净，沥干水分后切成一寸半长、七八分厚的块待用。葱姜洗净，姜刮皮，葱姜切成细末。泡红辣椒去籽，斩成细末。
2. 炒锅洗净，上火烧热，用油滑锅，将油倒在油盆内，锅再上火烧热，放油烧至七八成热时，将鱼下锅煎约半分钟，倒在漏勺内沥油。
3. 炒锅上火烧热，放油 40 克，用中火将姜末、泡椒末、郫县辣酱下锅煸炒约半分钟，炒出红油和香味时，再将酒酿下锅炒糊，加料酒、生抽、清水 400 克烧开，将煎好的鱼下锅，盖上锅盖，用旺火烧开约 2 分钟，转中火烧 4—5 分钟，加准调料，用旺火将锅内汤汁收干，边收汁，边将葱末撒在鱼上，边不断转动炒锅，不要让鱼粘锅，待汤汁和小料裹紧在鱼块上，再淋上少许麻油和香醋，即可装盆上席。

【特点】
色泽深黄，味香咸鲜，辣中带甜，鱼肉嫩滑，下酒下饭均可。

【提示】
煸炒小料和酒酿时一定要煸散，吃时不能见半粒酒酿，收汁时要不断转动炒锅。

此菜品由何派川菜第四代传人、高级烹调师李红制作。

# 干烧青鱼块

【原料】

青鱼中段 300 克

【调料】

小香葱 60—70 克，姜 30—40 克，甜酒酿 50—60 克，郫县豆瓣辣酱 50 克，泡红辣椒 2 只，植物油 60—80 克，料酒、生抽、鲜粉、湿淀粉、醋、麻油、盐各适量

【制法】

1. 将青鱼中段刮去鱼鳞洗净，去掉内脏，切成一寸半长、八分宽的长方形鱼块放进盆内，用少量生抽腌渍。

2. 锅上火烧热，用油滑锅，将油倒出后锅再上火烧旺，放 30 克油，将鱼块下锅煎约半分钟（鱼皮朝锅底），倒入腌渍鱼块的盆内。

3. 预先将葱姜、泡红辣椒洗净，切成半粒米大小的碎末。热锅后放 30 克油，将姜末和泡椒末、郫县豆瓣辣酱一起下锅，煸出红油和香味，再将甜酒酿下锅一起煸炒。加料酒、生抽和 400—500 克清水，将煎好的鱼块倒入锅内，用中小火烧 8—10 分钟。

4. 调味后用大火收汤汁，在转动锅子的同时将汤汁浇在鱼块上。再撒上葱末，勾少量湿淀粉，淋上麻油和少量米醋，即可装盆上席。

【特点】

鱼肉滑嫩，鲜香辣中略有甜味。色泽金红，亮油不吐汁。

【提示】

上海青鱼有两大类品种：一种是草青，是吃水草等植物生长的，也称鲩鱼，市场上一年四季有售；另一种是乌青，鱼背乌黑，是吃螺蛳长大的，市场上不多见，在每年春节前后有售。乌青的价钱比草青要贵，当然肉质也更肥嫩、鱼头更大，每条5—10斤。冬天把乌青买回家，一般都是腌制风干后食用。乌青的肚肠也可食用，过去菜馆中有汤卷、青鱼秃肺等菜肴。

此菜品由高级烹调师徐强华制作。

# 贵妃鸡翅

　　贵妃鸡由野生驯养而来，原产于外国，主要分布于英国、法国、荷兰等欧洲国家，是昔日专供皇室享用的珍禽。贵妃鸡外貌奇特，三冠五爪、黑白花羽是其最典型特征。体态优美、娇小玲珑的贵妃鸡善通人性，是一种很具特色和魅力的观赏鸡。

　　贵妃鸡也是一种高蛋白、低脂肪的烹调食材，是理想的保健食品，富含17种氨基酸、十余种微量元素，超过普通家养鸡多倍。用贵妃鸡制作的菜肴，有贵妃醉酒、贵妃蒸甲鱼、贵妃炖鱼翅、海马贵妃汤、香菇贵妃鸡、干蒸龙马贵妃鸡等数十个。

　　一百多年来，上海也有几家大型川扬菜馆的菜单上有贵妃鸡翅（并非用贵妃鸡烹制）。上海第一家发明贵妃鸡翅的是蜀腴川菜社，蜀腴川菜社的大厨师何其坤发明制作的"贵妃鸡翅"，一出炉便受到当时众多知名人士的好评。后来上海绿扬邨酒家、梅龙镇酒家菜单上也有贵妃鸡翅一菜。过去大型菜馆里用鸡大都是炒鸡丁、炒鸡片、炒鸡丝，都将鸡骨去掉的，贵妃鸡翅是用多余的鸡中翅，配上京葱，用红酒焖烧而成。因为鸡的一节中翅有两根火柴粗的骨头，这个部位的鸡肉最嫩，吃上去像贵妃鸡一样滑嫩、鲜美，所以定名为"贵妃鸡翅"。当时鲜活的贵妃鸡上海还没有运到，采用草鸡最好的鸡中翅烹制成贵妃鸡翅，一传到今。不知现在哪家饭店还在供应此菜肴，可能会制作，但不知道此菜来历吧！

　　当然，也有传说贵妃鸡翅是唐代贵妃杨玉环最爱吃的。我国许多名菜常与帝王后妃有关，但其实大都是民间百姓所发明，附会于帝后身上，可能出于提高身价的考虑吧。

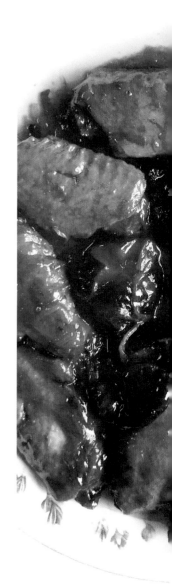

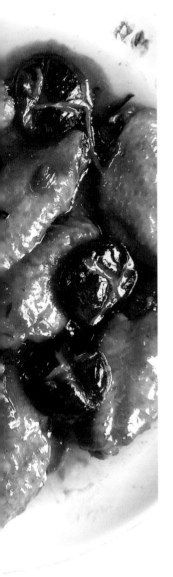

【原料】

新鲜草鸡中翅400克（14—16只），京葱（大葱）1根

【调料】

清油50克，生抽50克，糖20克，红酒50克，精盐、鲜粉、料酒、湿淀粉、麻油各少许

【制法】

1. 鸡中翅洗净，放进开水锅内煮开后捞出，冲洗干净，沥干水分，拌上生抽待用。京葱去掉老皮，选用葱白，青叶不用，切成两寸长的段，再批开切成粗丝待用。

2. 炒锅洗净，上火烧热，放油50克，烧至四五成热时，将葱丝下油锅内煸炒出香味并呈金黄色时，将鸡翅下锅，同京葱一起煸炒约1分钟，加料酒、生抽和开水500克，用旺火烧开，盖上锅盖，用中火烧20分钟左右，加糖再烧5分钟，加准调料，用旺火收汁。

3. 待汤汁烧至70—80克时，淋上少许湿淀粉勾芡，再淋上红酒50克，滴入麻油，即可装盆上席。

【特点】

色泽金红，鸡翅滑嫩，咸甜鲜香。

【提示】

鸡翅选用新草鸡翅，老草鸡不能做此菜。若冬天烹制可带点汤汁，不要勾芡，可以放点冬笋一起烧，营养更丰富，冷了可上火炖热再食用。

# 清汁河虾

　　河虾是淡水虾的统称，并不是专指某一种虾。此菜肴选用大的河虾，蒸后再浇上冷鲜汤汁，凉透上席，做冷碟。

【原料】
大河虾 300—400 克（一般 500 克河虾在 55—60 只为好）

【调料】
鲜汤 100—150 克，葱、姜各 15 克，黄酒、精盐、鲜粉各适量

【制法】
1.鲜活河虾放清水内养 10 分钟捞出，去掉虾头部的硬壳，用刀在虾背部从头部批开至虾尾，虾尾巴不要批断，两片连着，逐只排在盆内。
2.葱姜洗净，姜切片，葱切段，放在虾上，上笼用旺汽蒸 3—4 分钟，取出装在另一只圆盆内，要排得整齐。
3.锅洗净，放清鲜汤，加准调料，浇在虾上，冷却后即可上席。

【特点】
红白二色，鲜艳悦目。虾肉滑嫩鲜美，在汤汁内蘸食，风味更佳。更适合老人和儿童食用。

【提示】

此菜制作简单，味道鲜美，但河虾一定要鲜活的，蒸的时间一定要掌握好，不要蒸过头，影响菜肴质感。若无鲜汤，可用清水替代。去掉的虾头和虾壳，放点葱姜，可煮虾汤。虾汤可烧其他菜肴，如豆腐、粉皮等。

此菜品由何派川菜第四代传人、高级烹调师陈吉清制作。

# 干烧鳜鱼

　　松花江鳜鱼、松江鲈鱼、黄河鲤鱼和东北兴凯湖鲌鱼被称为中国的四大淡水名鱼。其中鳜鱼又名桂鱼，肉质肥厚，味道鲜美，骨刺较少，富含蛋白质、脂肪和矿物质，营养丰富。鳜鱼可单独成菜，如清蒸、干烧、红烧、白汁、氽汤等，选用400—600克一条为佳；如糖醋、松鼠、香酥、龙须、火夹等，则600—800克一条为佳。如切细丝、切丁、切片、切米粒、炸鱼排等，选大一点的为好，这样可加工的鱼肉较多，配上其他食材，可制作五柳鳜鱼丝、滑炒鳜鱼片、蟹粉鳜鱼丝、锦绣鳜鱼粒、酥炸鳜鱼排等规格较高的宴席菜。何派川菜中有干烧鳜鱼、白汁鳜鱼、罗汉鳜鱼、锅贴鳜鱼等数十个菜品。

【原料】
鲜活鳜鱼 1 条（500—600 克）

【小料】
香葱 50 克，姜 40 克，甜酒酿 150 克，泡红辣椒 2 只（约 20 克），郫县豆瓣辣酱 50—60 克

【调料】
植物油 100 克，料酒 25 克，鲜粉、糖、精盐、生抽、麻油、米醋等各适量

【制法】
1. 鳜鱼刮去鱼鳞，剖腹，挖出内脏，除去鱼鳃，放进清水盆内冲洗 2—3 次，捞出沥干水分。鱼身两面用刀划 3—4 刀，用料酒、

生抽少许淋在鱼身两面，浸渍 2—3 分钟。

2. 葱姜洗净，姜去皮，切成半粒米大小，葱切米粒大小；泡红辣椒去籽，切成米粒大小。

3. 炒锅洗净，上火烧热，用油滑锅，将油倒出，锅再烧热，放清油 50 克，烧至七八成热，将鱼下锅煎至两面浅黄，侧在漏勺内。

4. 锅烧热，放油 30 克，将泡红辣椒末、姜末、郫县豆瓣辣酱下锅一起煸炒，见有红油出现，放酒酿再煸炒成糊状，放料酒、生抽、精盐，加冷清水 700—800 克烧开。

5. 将煎过的鳜鱼放进锅内烧开，盖上锅盖，约烧 2 分钟后，调中火再烧 10—15 分钟，见汤汁烧至近半时，加糖和鲜粉，将火调旺一点收汁，加准调味。此时一手握锅，不断转动锅内鱼身，不让鱼粘锅底，一手用铁勺将锅内鱼汁浇在鱼身上，一面将葱末撒在鱼身上。见鱼汁和小料全部收紧贴在鱼身上，锅内无汁，只有微微亮出的红油时，再淋上少许麻油和适量米醋，即可装盆上席。

【特点】
鱼肉嫩滑，色泽金红，亮油不吐汁，味道鲜香咸辣。

【提示】
此菜不用勾芡，将鱼加水烧开，鱼的鲜味进入汤汁，而汤汁又全部吸收进鱼肉内，使整条鱼内外滋味无区别。

此菜品由何派川菜传人、高级烹调师张公权、杨隽制作。

# 金银鸽蛋

【原料】

鸽蛋 8 只，干竹荪 15 克，熟火腿 30 克，清鸡汤 500—600 克

【调料】

精盐、鲜粉各适量

【制法】

1.将干竹荪用冷水泡半小时，捞出每只批成 2 片，再用清水洗 2—3 次，放进开水锅内煮 2—3 分钟捞出。

2.鸽蛋敲在小碟子内，每碟 1 只，共 8 小碟，上笼用小汽蒸 4—5 分钟，见鸽蛋全凝固即取出，刮在碗内待用。

3.炒锅洗净，上火烧热，放清鸡汤 600 克烧开，加准调料待用。

4.将氽好的竹荪放汤碗内，浇入烧开的鸡汤，再将蒸好的鸽蛋放在竹荪上面，将熟火腿切成一寸见方的片，放在鸽蛋四周，再盖上竹网，即可上席品尝。

【特点】

形式美观，竹荪脆嫩，鸽蛋滑嫩，味道鲜美，汤清有营养，润肺养颜。

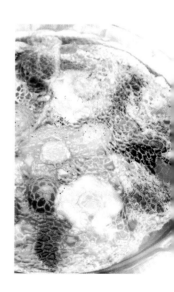

【提示】

鸽蛋要用小汽蒸，不要蒸过头。此为汤菜，当天制作，当天食完。

此菜品由何派川菜第五代传人、高级烹调师王吉荦制作。

## 玻璃鸽蛋

【原料】
鸽蛋12只，河虾仁60—80克，清汤200克，胡萝卜、青菜心等配料若干

【调料】
精盐、鲜粉、地梨（荸荠）粉少许

【制法】
1.将新鲜鸽蛋放进冷水锅内，用小火慢煮，煮开约10分钟后捞出，在冷水中泡4—5分钟，轻轻地将蛋壳剥掉，用小刀开黄豆大小的口，将蛋黄取出，用冷水冲净蛋黄。

2.河虾仁斩成虾蓉，加准调料，再将虾蓉塞进鸽蛋内，加清汤，上笼用中汽蒸5—6分钟，捞出装盆内。

3.各种配料放进开水锅内煮熟，捞出待用。

4.炒锅洗净，放清汤烧开，将鸽蛋放进锅内，加准调料，淋上少许地梨粉勾芡，烧开装盆，点缀上小植物，即可上席品尝。

【特点】
透明如玻璃，味道鲜美，口感滑嫩，营养丰富。

【提示】
制作此菜，各道顺序都要特别小心，轻提轻放。煮鸽蛋时一定要掌握好时间，煮过头就不透明了，称不上"玻璃"二字。

此菜品由何派川菜第四代传人、高级烹调师陈林荣制作。

# 锅贴鲜贝

【原料】

新鲜白嫩干贝 10—12 只（要大小均匀，每只约 1 元硬币大小），
河虾仁 150 克，咸吐司 6 片，鸡蛋清 1 只

【调料】

精油 100 克，精盐、鲜粉、干生粉各少许

【制法】

1. 将鲜贝放冷水中洗一下，捞出沥干水分；河虾仁洗净，捞出沥干水分。

2. 将鲜贝和虾仁放进碗内，加少许盐和鲜粉拌一下，加鸡蛋清 1 只拌匀，放少许干生粉上浆。将鲜贝取出待用；将河虾仁斩成虾蓉，拌 10 克冷清油，拌上劲待用。

3. 将咸吐司切成一寸半长、一寸宽的长方片，需 12 片，摊在平盆内，将虾蓉挤在吐司上刮平，再将鲜贝放在吐司虾蓉中间；另用一只圆平盆抹上少许清油，将吐司鲜贝放在油盆内，上笼用中汽蒸 4—5 分钟。

4. 炒锅上火烧热，用清油滑锅两次，第三次锅上火烧旺一点，放油 50 克，用中火烧至三四成热时，将蒸好的鲜贝吐司一块块放进锅内，用中火煎，一面煎一面转动锅，再加 50 克清油，用旺火煎约半分钟，见吐司四周金黄色时，倒在漏勺内沥干油，装盆时围上时令生果，即可上席品尝。中间周边用菜松、胡萝卜松均可。

【特点】

外酥内嫩，鲜贝滑嫩，味香鲜美。

【提示】

煎吐司时最好用平底锅，一定要不断转动，先中火煎，最后开一下旺火，要掌握好火候，煎透但不要煎焦。鲜贝虾仁上浆时盐不要放太多，此为品尝性菜肴，口味不能太咸。

此菜品由何派川菜第五代传人、高级烹调师王吉荦制作。

# 无刺刀鱼

　　刀鱼是长江名鱼，一年中可吃的时间很短，从春节后期到清明时节，过了清明，吃刀鱼就要刺痛喉咙了。2019 年 1 月 21 日，农业农村部发布通告称，在长江流域保护区内，长江刀鱼将实行永久全面禁捕；在长江干流和重要支流保护区以外的水域，暂定实行为期 10 年的常年禁捕。这意味着，野生长江刀鱼将正式告别人们的餐桌，接下来至少 10 年的时间里，人们将吃不到这种极致美味了。

　　刀鱼刺多，肉质细，味鲜美。因为刺多刺小，影响食用。若制作无刺刀鱼菜品，就能放心食用，没有刺痛喉咙之虞。

【原料】

新鲜刀鱼 1000 克（10—15 条），鸡蛋清 3—4 只，小花辅料若干（熟火腿等，可自由选择，但都要是可食用的）

【调料】

清油 100—150 克，精盐、鲜粉、葱姜汁、干生粉各适量

【制法】

1.1000 克刀鱼洗净，去鱼骨，取鱼肉约 350 克，不能有一根鱼刺，放在砧板上，用刀背敲成鱼蓉。

2. 葱姜洗净拍碎，放 50 克清水浸泡 10 分钟，滗出葱姜汁水。

3. 将刀鱼肉放进砂锅内，加 50 克葱姜汁水搅匀。放少许盐、鲜粉、鸡蛋清 2 只拌上劲，加 50 克清油再拌上劲，放少许干生粉拌匀待用。

这些刀鱼料可做成各种无刺刀鱼菜品，可炒、贴、氽、蒸、烩等，如刀鱼片、珍珠刀鱼、金狮刀鱼、锅贴刀鱼、拔丝刀鱼等30多个菜品，可制作无刺刀鱼全席。拆下的鱼骨、鱼皮可煲浓汤，可做刀鱼汁烩面。

【特点】
味道鲜美，嫩滑可口，营养丰富。

【提示】
无刺刀鱼菜肴，一定要将鱼刺去净。

此菜品由何派川菜第五代传人、高级烹调师王吉荦制作。

# 金狮刀鱼

【原料】

刀鱼肉25克，鱼肚1块（一寸半宽、两寸长），火腿片1小片，蛋皮1小片，人造鱼翅少许，刀鱼绣球1丸，清汤300克

【调料】

精盐、鲜粉、胡椒粉各适量

【制法】

1.油发鱼肚泡软，用温水洗净捏干，放100克清汤内氽开，捞出捏干汤汁待凉；刀鱼肉加准调料，摊在鱼肚上刮平；火腿、人造鱼翅放在鱼肉上，蛋皮片放在火腿下面。再将刀鱼绣球滚上鱼翅和各种红绿丝，将刀鱼肉和刀鱼绣球一起上笼用中汽蒸6—8分钟。

2.炒锅洗净上火，加清汤烧开，加准调料，盛于小炖锅内，蒸好的刀鱼肉盛在炖锅内，要浮在汤上面，再将蒸熟的刀鱼绣球放在刀鱼肉边上，即可上席品尝。

【特点】

这是一款公馆菜品，汤清味鲜，造型美观，口感滑嫩。远看像狮子头，故称金狮刀鱼。

【提示】

此菜要贵宾等菜，制作要认真细心。

此菜品由何派川菜第四代传人沈立兵、李红拼档制作。

## 水晶刀鱼

【原料】
新鲜刀鱼400—500克（取刀鱼肉150克），鸡蛋清1只，
熟火腿15克，小菜心6棵，清高汤200克
【调料】
精盐、鲜粉、猪油、湿淀粉各适量

【制法】
1.将新鲜刀鱼的鱼肉用小刀刮下，去净鱼骨，加清水60克，
调上劲。
2.准备小碟子10只，碟内抹上少许猪油，将刀鱼蓉挤在小
碟内，刮平，放上火腿片，上笼用中汽蒸3—5分钟。
3.炒锅洗净，放清汤200克烧开，小菜心下锅氽熟，加准调味，
淋上少许湿淀粉勾薄芡，装在深盆内，将蒸好的刀鱼肉轻轻
盛在汤内，即可上席品尝。

【特点】
嫩滑爽口，味道鲜美，营养丰富。

【提示】
刀鱼刺一定要去净，蒸时一定要用中汽蒸熟。口味不要太咸，
清淡为好，是值得细品的菜肴。

# 双边刀鱼

【原料】

刀鱼 2 条（每条 150 克左右），熟火腿 20 克，火腿汁 20 克

【调料】

精盐、鲜粉、胡椒粉、猪油等各适量

【制法】

1. 刀鱼洗净，每条从鱼背上批成两片，留一根刀鱼龙骨带鱼头待用，总共 2 片鱼皮，4 片鱼肉。

2. 将刀鱼肉刮下，去净鱼肉内和鱼皮上的鱼刺，全部打理好。

3. 将一片鱼皮摊在长盆内，龙骨连头带尾放在鱼皮上，鱼肉排在龙骨上，再将另一片鱼皮盖在鱼肉上，加准调料，用保鲜纸封好放进冰箱内冷藏。

4. 50—60 分钟后取出，上笼用旺汽蒸 8—10 分钟，快速上席品尝。

【特点】

味香鲜美嫩滑，上面浮的围边也是刀鱼肉制作的。一般一条刀鱼蒸熟上席都是一层鱼皮，双边就是有两层鱼皮，并且有鱼头和龙骨，造型更完整。

【提示】

刀鱼一定要选新鲜的，除一根龙骨外，鱼肉内绝不能吃出一根刺。在剔除鱼刺时，双手要不停地放在冰内，使手保持低温状态。看上去很简单，但实际很复杂，主要是将刀鱼肉内所有鱼刺全部打理干净，要绝对耐心和细心，特别是刀鱼皮上的鱼刺更难拔，不小心就会将鱼皮弄破，影响造型。两条做成一条无刺双边刀鱼，要2—3小时，冰箱内冷藏时间不能过长，否则鱼的鲜味就会减弱。此菜要贵宾等菜，趁热食用。

此菜品由何派川菜第四代传人、刀技沈立兵与笔者共同制作。

# 珍珠刀鱼

【原料】

新鲜刀鱼 400—500 克（取刀鱼肉 150 克），鸡蛋清 1 只，鲜嫩绿叶菜（如豆苗、鸡毛菜等）200 克

【调料】

清油 200 克（耗 50 克），精盐、鲜粉、干生粉等各少许

【制法】

1. 将新鲜刀鱼洗净，批成两片，用小刀刮下刀鱼肉，挑净鱼肉内所有小骨刺，放进碗内，加少许葱姜汁，加 50 克冷水，用筷子搅拌上劲，加鸡蛋清 1 只，拌上劲，放少许清油（10—15 克），拌成糊，加少许干生粉拌匀，装进厚一点的塑料袋内，袋边角剪一个小洞。

2. 炒锅洗净，放清水 600—800 克，用小火烧，一手捏鱼肉，一手用小汤匙梗口将鱼挤成小丸子放进水锅内，这时要关火，待鱼丸全部做完，再开小火烧开锅内的小珍珠丸，捞出沥干水分。

3. 炒锅洗净，上火烧热，放 30 克油，将洗净的绿叶菜炒熟，加准调料，侧在漏勺内沥干汤汁，装在圆盆内摊开。

4. 炒锅洗净，上火烧热，用油滑两次锅，再上火烧热，锅内放油 200 克，烧至三四成热时，鱼丸下锅推 1—2 次，快速倒在漏勺内沥干油。

5. 炒锅内放少许鲜粉和盐，放 10 克汤烧开，将小丸子下锅推 1—2 次，装在绿叶菜上面，即可上席。

【特点】

一青一白，色泽美观；有荤有素，营养丰富；珍珠丸滑嫩，绿叶菜脆嫩，口感有层次。

【提示】

制作此菜要认真细心，鱼刺一定要拔干净。此菜为贵宾等菜，但小鱼丸可预先准备好。

此菜品由新镇江大酒家高级烹调师、厨政管理员费臻民携其徒制作。

# 拔丝刀鱼

【原料】

刀鱼肉 100 克，豌豆沙 100 克，豆腐衣 3 大张，鸡蛋 2 只

【调料】

植物油 300 克（耗 100 克），白糖 70—80 克，干生粉 40—50 克，精盐适量，芝麻少许

【制法】

1. 将刀鱼肉用少许蛋清和盐调匀，用中火上笼蒸熟待用。豌豆放糖，下锅放少许油炒成豌豆泥待用。豆腐衣切成二寸见方的 12 张待用。

2. 将鱼肉和豌豆泥分别切成一寸半长像香烟粗细的 12 根。

3. 将鸡蛋打在碗内调散，豆腐衣摊在砧板上，抹上蛋糊。将一根刀鱼肉和一根豌豆泥用豆腐衣包成 12 卷待用。

4. 蛋糊内加干生粉，调成糊状。炒锅上火烧热，放油烧至三四成热时，将鱼卷蘸上蛋糊初炸成型，再复炸一次，炸至外酥脆、呈金黄色时捞出，一边用锅炒糖汁，炒至糖汁金色时将鱼卷下锅推翻两下，使糖汁包裹在鱼卷上，快速装盆上席。

【特点】

外脆里嫩，酥香味甜，用筷子夹着，拉丝品尝。

【提示】

这是一道甜菜，制作此菜时最好有一位助手，复炸鱼卷时，

助手在另一只锅内炒糖汁，火不可太旺，注意安全，不要烫痛手。炒糖汁时，锅内先放 20 克清水烧开，再加糖，用中火慢炒，炒至牙黄色时转小火，见锅内糖汁起透明小泡时，快速将鱼卷放入推翻两下，迅速装盆上席，并请贵宾立即动筷，时间长了，鱼卷会粘牢。

此菜品由何派川菜传人杨隽、徐强华拼档制作。

# 刀鱼和全刀鱼宴

## 上海人热衷吃时鲜

上海人的饮食讲究时令，食材到了最佳状态再来品尝，注重食材的鲜活和适时。用本地话讲，就是"吃时鲜"。

吃时鲜，上海人早已约定俗成，并编成顺口溜，常挂在嘴上。就拿河鲜来说：正月、二月鮠鱼见新，三月刀鱼、塘鳢鱼当令，四月银鱼白如银，五月鲥鱼鳞油鲜肥、黄鳝赛人参，六七月河虾毛蟹鲜活跳，八九月桂花甲鱼肥，十月河蟹膏黄鲜（月份均指农历）……违背时令的食材，其品质大打折扣。民间流传的"小满河蚌瘦鳖子""夏至鲫鱼空壳子""端午螃蟹虚架子""五月萝卜空心菜，六月韭菜老驴菜"，可见百姓对过气食材的不屑一顾。

适合时令的食材，它们最大的共性就是鲜。鲜，包含两层意思，一是指材质的新鲜，二是指味道鲜美。春分起至清明前后，在江南一带，没有比刀鱼更诱人食欲的了，其滋感丰腴、肉质细嫩、味道纯正。此时的刀鱼入馔，鲜美无比，因刀鱼有其独有的清香，且富含被中外饮食界视为"第六种基础味道"的脂香味，鲜味与脂味的结合，产生的味觉冲击力，其他食材无法与其比拟。

刀鱼整条烹调，最宜清蒸，其色泽洁白如和田玉，香气纯正饱满，味感丰富适口，将刀鱼的原汁、原味、原香体现得醋畅淋漓。刀鱼若与其他食材混搭，不仅画龙点睛，而且还能起到连锁反应，将菜肴的色香味形推向极致。如果仅用一个字来形容刀鱼之美，那就是"鲜"。

## 五味至尊 —— 鲜

　　甜、酸、咸、辣和鲜，构成了味觉世界的五大基本味，然后再用这五大基本味排列组合成无数种复合味，就像绘画中的三原色和音乐里的音阶，变幻无穷、趣味无穷、美妙无穷，五味调和百味香，就是这个原理。

　　鲜味不仅是五大基本味之一，也是中国菜肴的风味核心。鲜味是什么？是一种非常独特的味道，来源于鱼类、家畜类、禽蛋类、菌菇类等食材。它是一种丰满、柔和、富有层次感的味道，能使食物的其他滋味更上一层楼。鲜味是细腻的、点到为止的，被认为是蛋白质存在的信号，因为很多鲜味十足的食材中都富含蛋白质。

## 连本好戏 —— 刀鱼宴

　　阳春三月，推出"刀鱼宴"，真是美味佳肴连本好戏"年年有余"。

　　刀鱼宴，味觉上以咸鲜为主调，平衡五味。如何将刀鱼的鲜味推向极致，是离不开咸味的。咸鲜这两味相辅相成，有些东西只有咸味，而另一些东西只有鲜味，而单纯的鲜味和咸味，味道都不如它们组合起来的效果令人满意。例如，鸡汤加入食盐后，我们会觉得汤更香浓。

　　菜肴中咸鲜味结合得好的经典如"鸡火汤"（鲜鸡＋火腿）、"腌笃鲜"（咸肉＋鲜肉＋竹笋）。按照这一思路，刀鱼宴推出的菜肴注重主辅料的搭配。

## 经典刀鱼宴

　　冷菜：琥珀刀鱼、竹网刀鱼、掌上刀鱼、刀鱼腐衣、刀鱼鸡翼、刀鱼鸭舌、古钱刀鱼、刀鱼鸽蛋

　　热炒：彩云刀鱼、锅贴刀鱼、锦绣刀鱼、金狮刀鱼、珍珠刀鱼、煎烹刀鱼、刀鱼吐司、寸金刀鱼、芝麻刀鱼、凤尾刀鱼、高丽刀鱼、刀鱼豆花、杨梅刀鱼、酥皮刀鱼、清蒸刀鱼、红烧刀鱼

　　整菜：刀鱼花胶、刀鱼草鸡、双边刀鱼、水晶刀鱼、莲蓬刀鱼、兰花刀鱼、琵琶刀鱼、花浪刀鱼、蟹黄刀鱼、松茸刀鱼、绣球刀鱼

　　点心：刀鱼汤包、刀鱼蓉烩面、刀鱼云吞、刀鱼春卷、拔丝刀鱼、刀鱼羊肚菌

## 无刺全刀鱼宴

　　冷盆：琥珀刀鱼、刀鱼鸽蛋、刀鱼鸭舌、刀鱼腐衣、刀鱼鸡翼、古钱刀鱼

热炒：彩云刀鱼、锅贴刀鱼、金狮刀鱼、珍珠刀鱼

整菜：刀鱼花胶、煎烹刀鱼、刀鱼草鸡、双边刀鱼、水晶刀鱼、凤尾刀鱼

美点：刀鱼汤包、刀鱼春卷、刀鱼蓉烩面

甜品：拔丝刀鱼

在刀鱼宴中还可穿插何派川菜经典菜肴。具体菜单如下：

冷菜：陈皮牛肉、胡油鸭脯、水晶鸭方、红油鸭舌、棒棒鸡丝、椒麻时件、怪味兔丁、蒜泥白肉、珊瑚白菜、姜汁胡瓜、泡椒绿芹、干煸竹胎、灯影牛肉、水晶鱼翅（人造）等

热菜：叉烧鳜鱼、干烧鳜鱼、干烧对虾、干煸鳝背、干烧鱼翅（人造）、香酥飞龙、锅贴宣腿、蒜枣裙边、松茸炖瑶柱、八宝刺参、开水白菜、葱扒驼峰、韭黄春瓣、清蒸江团、鸡蒙竹荪、竹报平安、一品豆脑、家常大乌参、红烧花胶、清汤联珠大乌参、红棉虾团、罗汉鳜鱼、鸽蛋肝膏汤、干煸鱿鱼丝等

何派川菜传人制作菜品讲究食材的新鲜，所烹制的菜肴大多不放味精，用古老传统的吊汤方法萃取食材中的鲜味和香味。

食材中的鲜味，还会以某种尚不明确的方式增强人体免疫力，很可能是由于鲜味使食物味道可口，令人进食愉悦，人在开心放松的状态下，身体自然朝着健康的方向发展。

### 无刺全刀鱼宴菜单

| 类别 | 菜品 | 口味 | 色泽 | 烹调技法 | 主要用料 | 特点 |
|------|------|------|------|----------|----------|------|
| 冷盆 | 琥珀刀鱼 | 酥脆 | 金黄 | 炸、烹 | 刀鱼 | 小腴香味酥香味美 |
| 冷盆 | 竹网刀鱼 | 脆嫩 | 雪白 | 蒸 | 刀鱼、竹荪 | 脆嫩爽口味鲜美 |
| 冷盆 | 刀鱼腐衣 | 外酥内嫩 | 金黄 | 煎 | 刀鱼、豆腐衣 | 咸鲜甜香外酥内嫩 |
| 冷盆 | 刀鱼鸽蛋 | 滑嫩 | 透明 | 蒸 | 刀鱼、鸽蛋 | 滑嫩爽口味美 |
| 冷盆 | 掌上刀鱼 | 脆嫩 | 本色 | 蒸 | 刀鱼、鸭脚 | 脆嫩爽口味鲜美 |
| 冷盆 | 刀鱼鸡翼 | 滑嫩 | 浅黄 | 蒸 | 刀鱼、鸡中翅 | 滑嫩鲜香味美 |
| 热炒 | 彩云刀鱼 | 咸鲜 | 红、黄青、白 | 滑炒 | 刀鱼、火腿 | 滑嫩味鲜美 |
| 热炒 | 锅贴刀鱼 | 咸鲜 | 金黄 | 蒸、煎 | 刀鱼、火腿 | 酥香内嫩味美，造型美 |
| 热炒 | 金狮刀鱼 | 咸鲜 | 造型美观 | 蒸、余 | 刀鱼鱼肚鱼翅（人造） | 汤清滑嫩可口 |
| 热炒 | 珍珠刀鱼 | 咸鲜 | 青、白、绿 | 炒 | 刀鱼、绿叶菜 | 嫩滑爽口 |
| 整菜 | 刀鱼草鸡 | 咸鲜 | 白中带红 | 蒸 | 刀鱼、鸡胸肉 | 咸鲜味美嫩香可口 |
| 整菜 | 刀鱼花胶 | 咸鲜 | 浅黄 | 蒸、烧 | 刀鱼、黄鱼胶 | 咸鲜味美吃口软糯 |
| 整菜 | 双边刀鱼 | 鲜嫩 | 银白 | 蒸 | 全刀鱼肉 | 滑嫩鲜香味美 |
| 整菜 | 水晶刀鱼 | 咸鲜 | 造型美观 | 蒸、烩 | 刀鱼肉 | 滑嫩味鲜美 |
| 美点 | 刀鱼春卷 | 咸鲜 | 金黄 | 炸 | 刀鱼、松茸 | 外脆内嫩酥香 |
| 美点 | 刀鱼烩面 | 咸鲜 | 奶白 | 烩 | 刀鱼和刀鱼骨汤、面条 | 味鲜面软不糊 |
| 甜品 | 拔丝刀鱼 | 甜香 | 金黄 | 炸琉璃 | 刀鱼、豆腐衣、豌豆芽 | 外脆甜内嫩香 |

李兴福中国烹饪大师证书

李兴福中国烹饪大师领章

# 灯影牛肉

灯影牛肉是川菜中的名小吃之一，同名者在川中就有两家，且都享有盛名：一是达县灯影牛肉，一是重庆灯影牛肉。

笔者在五十年前到四川学习工作期间，多次请教川中老厨师有关灯影牛肉的技艺，他们说：川中灯影牛肉都有特色，重庆灯影牛肉已广泛制作，成批生产，工业包装出口。手工生产，量虽小，但传统特色犹存。虽然上世纪 60 年代两家大厨像走亲戚一样互相学习，取长补短，但各家都保持其独特风味。达县在用料中巧施糖和芝麻油，麻辣中又带甜香味；重庆坚持麻辣干香。两家制法基本相同，而源头各异，都自有其来历。

笔者制作的灯影牛肉属上海何派川菜板块，在制作顺序上同川中两家相同，调料以轻麻、微辣为主，咸中带甜香，回味悠长，越嚼越香，久存不变质，在大伏天也可保存七八天不坏。笔者 1986 至 1992 年在绿杨邨掌勺时供应灯影牛肉和虾须牛肉这两款有着一千多年传统的川中名小吃菜肴，《解放日报》曾两次予以报道。

【原料】

净瘦牛肉 1000 克（选用牛后腿部肉），芝麻适量

【调料】

酒酿汁、上等辣椒粉、上等花椒、白糖、盐、食用硝、黄酒、味精、五香粉、素油、红油、麻油各适量

【制法】

1. 牛肉去皮，用左手紧压肉石，右手操刀，从贴近案板处自右至左开片，将牛肉批成二寸长、一寸半宽的薄片，厚薄均匀，大小一样，最好无穿孔，批好后，铺平理齐，用盐和食用硝腌制24小时，随后一片片晾在竹篮上。

2. 将晾干的牛肉取下，上烘炉内用小火烘烤，然后上笼蒸2小时，取出待冷。

3. 将冷却后的牛肉用温油炸透，出锅。

4. 锅内留少量油，放各种调味料烧开，倒入炸透的牛肉片翻炒几下，淋上麻油即可出锅，加红油、芝麻。

【特点】

麻辣酥香，味道鲜甜，肉质细嫩，色泽红亮而透明，人影透过牛肉片可见，故名"灯影牛肉"。

【提示】

此菜制作要掌握几道关：一是选肉关，二是批肉关，三是腌晾关，四是烘和蒸，五是炸与炒，一关都不能放松。选料严格，加工细致，调味准确，才能使一物而兼备多味，麻辣酥香甜，入口化渣，不塞牙。

# 豌豆炒河虾仁

公馆和官府菜单上一般不用清炒虾仁，因为公馆菜单上无单一菜品，可搭配其他食材，制作金银满屋、金银虾、福果虾仁、罗汉虾仁、百粒虾仁、红棉虾团、杨梅虾球、水晶虾饼、芙蓉虾仁、锦绣虾仁、核桃虾仁、宫保虾仁等，虾仁全席可有上百个品种。

四五月份恰逢豌豆最佳食用季节。豌豆又名小寒豆、青豆、鲜豆荚、豆粒，河虾仁配上豌豆，有很高的营养价值，能补肾壮阳，有滋阴健胃之功。

【原料】

河虾 800—1000 克，青豌豆荚 250—300 克，鸡蛋清 1 只

【调料】

精制油 300 克（耗 50 克），干生粉 10—12 克，精盐 4—5 克，鲜粉适量，汤汁 10—15 克（可用水代替）

【制法】

1. 将购买来的河虾（不论大小）加清水 150—200 克，放进冰箱内速冻 4—5 个小时，待冰硬后，取出放进盆内，加清水自然融化，去掉虾头和虾壳，剥出虾仁，放进碗内，加少许盐，用两根筷子轻轻拌几下，放进清水盆内，再用筷子淘几下后捞出虾仁，用清水漂洗一次，见虾仁在水中呈洁白色时，捞出沥干水分。

2. 约半小时后用干抹布吸干虾仁中水分，将虾仁放进碗内，放精盐和鲜粉，用筷子拌匀，加鸡蛋清 1 只，再拌成糊状，尝一下虾仁的口味是否正好，如偏淡，再加一点盐，再加干生粉

10—12克拌匀，放进冰箱内（不要冰冻）两小时，要食用时取出烹制。

3. 豌豆荚剥出豌豆粒，放进开水锅内烧开，约1分钟后捞出，放进冷水内泡冷，捞出沥干水分待用。

4. 炒锅洗净，上火烧热，放油300克，烧约1分钟。将油倒在盆内，锅再上火烧旺，再将油倒入锅内，烧至四五成热时，将虾仁下油锅内，用筷子轻轻划散，待虾仁一粒粒洁白透明时，用漏勺将虾仁捞出，沥干油，放在盆内。

5. 将锅内油倒入盆内，锅内留少许油，将豌豆粒倒入锅中，放盐、鲜粉适量与15—20克汤汁烧开，再将虾仁放入推炒两下，即可装盆上席。

【特点】

虾仁透明洁白，粒粒像珍珠，鲜香滑嫩，弹性实足，味美可口。

【提示】

购河虾时，鲜活为佳，体形完整，虾头步足不脱落，虾壳透明光亮，呈青绿或白色，虾肉紧密。如制作清炒虾仁，也可买刚死的河虾、沼虾，但一定要看清虾的甲壳是呈青绿色的，虾壳变红、无虾头的虾不要买。剥好虾仁洗净后一定要沥干水分再上浆。上浆时盐一定按自己口味放准，上浆时盐放得太少，虾仁是炒不好的。盐拌匀后再放蛋清、少量干生粉拌匀。锅一定要烧热烧旺，加油滑锅2—3次，再放油炒虾仁，否则要影响虾仁的光滑鲜嫩。制作此菜肴要等贵宾来后再炒，炒好就上席。

# 罗汉鳜鱼

　　罗汉鲫鱼相传是唐高祖李渊在一罗姓老汉家中吃到的,从民间传到官府,又从官府传到民间,成为历史传说名菜。经过几代名厨的不断研究和改进,时有创新。笔者同沈振贤、李红、沈立兵、杨隽等厨师在罗汉鲫鱼的基础上改成罗汉鳜鱼,并创造了罗汉虾仁、罗汉戏菊、罗汉上素等十多个罗汉菜肴。

【原料】
鲜活鳜鱼 1 条（750—800 克）,猪瘦肉 100 克,鲜笋 50 克,香菇 15 只,虾仁 200 克,熟火腿 50 克,鸡蛋清 2 只
【调料】
料酒、葱、姜各 30 克,油 30 克,精盐、鲜粉、胡椒粉、糖、干生粉各适量

【制法】
1.鳜鱼打理干净,挖掉鱼鳃,从鱼背批开两寸长一条口子,将鱼肠取出冲洗,鱼肚内杂物洗净,沥干水分待用。香菇泡软,去掉根,洗净,放进开水锅内,用中火煮 10 分钟,捞出沥干水分待用。

2.猪肉斩成肉末,香菇 3 只切成末。鲜笋煮熟,切成末。葱姜各 20 克洗净,切成细末。将香菇、鲜笋、葱姜末放进肉末内,加上少许料酒、精盐、鲜粉、胡椒粉等,拌匀上劲,塞进鳜鱼肚内,鳜鱼中间肚内要多一点,像大肚子一样。

3.虾仁洗净，沥干水分，加少许盐，放鸡蛋清1只拌匀，放少许干生粉上浆。

4.将煮过的香菇10—12只，大小要均匀，摊在大圆盆内。将虾仁斩成虾蓉，在碗内加熟油20克、鸡蛋清半只，调成厚糊状，再加少许干生粉拌匀，挤虾球放进香菇内，刮平，上面再放火腿小片和其他食材。

5.葱4—5根洗净，姜去皮切成3—4片，熟火腿切薄片8—10片，鳜鱼身上淋点料酒、盐、鲜粉、熟油等，再将火腿片排在鳜鱼上面，放上葱姜，上笼用旺汽蒸12—15分钟，同时香菇上笼蒸5—6分钟，鳜鱼取出，去掉葱姜，将蒸好的香菇合围在鳜鱼周围，即可上席品尝。

【特点】

造型美观，味道鲜美，口感滑嫩，有吃头，营养丰富。如在鳜鱼肚内塞羊肉，便成"鲜"字。

【提示】

制作此菜，食材一定要新鲜，要打理干净，鳜鱼鳃内也要塞肉，不要忘记！合围食材不限香菇，造型可自由发挥，但一定要可食的，不要光顾美观。鳜鱼内塞的瘦肉一定要斩得细一点，不要拌得太干，可放20克清水拌上劲，口味不要太咸。蒸鱼时要用旺汽。此菜品可在老人过生日时讨口彩。

## 明珠鲜鲍

鲍鱼其介壳与内部软体部分各器官是不对称的，它的介壳多呈耳状，所以有的地区称其为"海耳"；介壳上面左侧整齐地排列着7—9个小孔，故古时人们称它"九孔螺"。

【原料】

鲜活鲍鱼500—600克（10—12头），鸽蛋10—12只，小菜心8棵，胡萝卜球8只，冬瓜底肚1块（八寸圆形，五分厚）

【调料】

鲜汤200克，葱2根，姜2片，鲜粉、盐、料酒、胡椒粉、油各适量

【制法】

1. 鲜鲍鱼用刷子蘸水刷净其足部吸盘上的黑膜和泥沙，刷至白色时，用小刀紧贴软体和介壳之间轻稳推移，将鲍肉挖出。然后摘去内脏和牙齿，用清水洗净备用。

2. 鸽蛋煮熟，去壳待用；冬瓜修成圆形一块，上面挖10—12个浅圆形洞，放开水锅内氽一下捞出，装大圆盆中间，将10—12只熟鸽蛋装在冬瓜圆洞内。

3. 鲍鱼剞十字形花，装进鲍鱼壳内，蒜泥同油一起煸炒后加调料，放在鲍鱼上面，鲍鱼围在冬瓜周围，上笼用旺汽蒸3分钟。

4. 菜心、胡萝卜球用开水氽熟后围在鲍鱼四周。

5. 炒锅上火，加鲍汁、鲜汤烧开，放调料，烧开后勾上薄芡，淋在鸽蛋上。

6.炒锅洗净，上火烧热，熬葱花油，浇在鲍鱼上面，即可上席品尝。

【特点】

鸽蛋软糯滑爽，鲍鱼脆嫩有嚼劲，造型美观，芳香鲜美。

【提示】

鸽蛋煮的时间不要太长，中火煮开后用小火煮10分钟即捞出，放进冷水中浸泡5—6分钟，轻轻剥去蛋壳。鸽蛋若煮过头则变色不透明，不能用在此菜中。鲍鱼也不要蒸过头，不然会影响质感。盆内所有食材都要可以食用的。勾芡不要太厚，要勾薄芡。调味不要太咸，要咸鲜带甜。上席时可备刀叉，像品尝牛排一样。

此菜品由何派川菜第四代传人、高级烹调师王志远制作。

# 明珠吉品鲍

【原料】

涨发好的吉品鲍8头，鸽蛋8枚，小菜心数棵

【调料】

高汤150克，熟油30克，料酒、生抽、精盐、鲜粉、糖、胡椒粉、湿淀粉等各适量

【制法】

1.吉品鲍加高汤150克，上笼用旺汽蒸15—20分钟。鸽蛋放冷水锅内，用中火慢慢煮开10—12分钟后捞出，放入冷水中泡冷剥壳。小菜心修齐洗净，菜心和鸽蛋用高汤汆熟，加准调料捞出。

2.取出蒸好的鲍鱼，将鸽蛋装在大圆盆中间，鲍鱼围在鸽蛋四周，菜心围在鲍鱼四周。

3.将鲍鱼汁烧开，加准调料，淋上少许湿淀粉勾芡烧开，淋上少许麻油，浇在鲍鱼、鸽蛋和菜心上，即可上席品尝。

【特点】

鸽蛋银白色，鲍鱼有嚼劲，味道鲜美，口感爽滑。

【提示】

勾芡不要太厚，要勾薄芡。调味不要太咸，要咸鲜带甜。上
席时备好刀叉，像品尝牛排一样。

此菜品由何派川菜第四代传人、高级烹调师王志远制作。

## 鲍鱼和鲍鱼全席

鲍鱼是我国传统的名贵食材，位居"四大海味"之首，历来被称为"海味珍品之冠"，素有"一口鲍鱼一口金"之说。鲍鱼的品种繁多，全世界约有 100 多种，分布在很多国家和地区，主要产地有中国、日本、澳大利亚、新西兰、南非、墨西哥、美国和欧洲、中东一带。

鲍鱼一般在每年 7 至 8 月水温升高时，向浅海做生殖性移动，俗称"鲍鱼上床"，此时肉质丰厚，最为肥美，也是最佳采捕季节。

野生鲍鱼价格十分昂贵，上世纪 70 年代，随着科技发展，我国成功进行了鲍鱼的人工养殖。

鉴别鲍鱼等级的一个重要标准是"头数"。什么是"头"呢？指的是一司马斤（约 600 克）里有大小均匀的鲍鱼多少只，如 2 头、3 头、5 头、10 头、20 头等，头数越少意味着鲍鱼的个头越大，价格也就越贵，因而也有"有钱难买二头鲍"之说。笔者几十年前曾在海外市场上见过 600 克干品二头鲍，当时标价 4—5 万元一对。

### 鲍鱼的种类

鲍鱼按不同的处理方式可分为鲜活鲍、汤鲍（罐头鲍）、干鲍三类，其中最珍贵、最受欢迎的是硬如石头、价钱昂贵，并按头数开价的干鲍。

鲜鲍

我国北方沿海产有皱纹鲍，个头较大，又叫"盘大鲍"，壳面暗褐或半呈青绿，不光滑而且有岩纹感，壳会因饲养不同的藻类而变色，所以也叫"翡翠鲍鱼"。南方沿海则产有杂色鲍、耳鲍等。

澳大利亚是全世界鲍鱼产量最高的国家，西澳洲海域主要出产棕边鲍鱼、青边鲍鱼和罗氏鲍鱼；南澳洲和维多利亚州主要出产黑边鲍鱼和青边鲍鱼；新南威尔士州主要出产黑边鲍鱼。

澳洲青边鲍唇边为绿色，肉质细嫩，味道浓郁，口感弹牙，一般在捕获后立即速冻，以保留其刺身级的完美口感，焖煮、清炒、刺身、炖汤最佳，是我国南方食客最钟爱的鲜鲍品种。

汤鲍（罐头鲍）

按不同产地可分成墨西哥汤鲍、澳洲汤鲍、南非汤鲍及新西兰汤鲍。日本鲍鱼比较昂贵，不宜制成罐头鲍。

一般每罐二只，存放8—10个月不会变质，最大优点是食用方便，只要打开罐头，将鲍鱼放入碗内，上笼蒸30—40分钟，就可制作各种美味菜肴，制作冷菜更方便，也可切片、切丁、切丝后烹制各种美味菜肴。

干鲍

干鲍制作菜肴则要花一定的时间和心思去涨发加工，这是需要有一定技能的。

近几年来，市场上也出现一些手指大小的干鲍，买回家也要涨发2—3天才能制作菜肴，且涨发时要洗净鲍鱼的肠和牙齿，再用小火煮3—4小时方可食用，但吃口并不理想。

日本干鲍：日本出产的网鲍、吉品鲍（又称"吉滨鲍"）、禾麻鲍（又称"窝麻鲍"）为"世界三大名鲍"，网鲍头数最少，吉品鲍次之，窝麻鲍个头最小，头数也最多。香港高级食肆使用的干鲍，大多数是日本产的。

网鲍是鲍中顶级品，最适合用于高级宴请。鲍边细小而平整，肉质大而肥厚。用刀切开，可以看到横切面带有网状的花纹。日本千叶县出产的网鲍原来最为有名，后因海水污染，现在日本青森县所产的品质最佳。

吉品鲍形如元宝，是采用传统加工干燥技术，以中间有一条浅痕为特征，质硬、味美，体型小于网鲍。吉品鲍色泽绯红而透出金黄是优质货，一般 600 克在 30—40 头的比较多见，售价近 5 万元，15—20 头的售价约 2 万元（因 15—20 头数量较多见）。

禾麻鲍出产于日本青森县大间歧，以日本熊谷家族出品最佳，体边有针孔，是因为其生长在岩石缝隙中，渔民用勾子捕捉及用海草穿吊晒干所致，色泽金黄，肉质滑嫩，和网鲍一样是顶级干鲍。一般 600 克 15 头的售价为 2—2.5 万元，其外形美观如鸡心，是笔者见过的干鲍中最美的一种。

南非干鲍：南非干鲍呈深黑色，是自然晒干的，品质远不如日本干鲍。如去南非旅游，不要随意购买。

南美干鲍：来自智利、阿根廷一带，鲜鲍大多是野生的，干鲍色泽金黄，外形美观，价钱比较合理，市场上并不多见。

中东干鲍：产自中东，个头较小，头数较多，颜色比较深，上面还有一层薄薄的盐灰，卖相并不好，肉质黏滑，鲍味不足，但比南非干鲍要好一点。

如何选购干鲍？

以鲍背平、鲍肚丰满凸起，裙边密、粗且有刺手感觉，色泽呈绯红色透出金黄为佳。

干鲍并非越大越好，过大的干鲍在处理时需要花费很多时间，不方便在家中操作。一般来说，家庭发制干鲍以600克25—30头的为好，价钱也比较经济实惠。

干鲍如何涨发？

将干鲍放入清水中浸泡20—25个小时，水量越多越好，让其涨透。浸泡过程中若发现水不能没过鲍鱼就要加水，否则会影响涨发效果。捞出浸透的鲍鱼，放在清水里，仔细去除鲍鱼的内脏等，然后放入开水锅中煮15—20分钟，水也要没过鲍鱼，煮好后开小火焖在锅内。

干鲍如何加工？

鲍鱼营养丰富，但其本身没有滋味，要配上有滋味的食物，如草鸡、猪骨、宣腿、猪肉等，让鲍鱼汲取滋味，才能烹制出各类鲍鱼菜肴。

将草鸡、猪骨、宣腿、猪肉等食材斩成大块，放入开水锅中余5—8分钟，捞出冲洗干净，沥干水分备用；葱、姜洗净，姜切成厚片，备用。

最好选用比较深、比较高的煲锅来炖鲍鱼。煲锅的底部放四五根竹片或是竹筷，取一半余过的食材，在筷子上摆放均匀，再放上锅内小火焖的鲍鱼，鲍鱼背朝上整齐摆放；将姜片放在鲍鱼上，将剩下氽过的食材摆放在鲍鱼上，并盖没鲍鱼，平铺上小香葱。倒入50克料酒，加入开水，水位没过食材6—9厘米，中火炖至水开后，盖上炖锅盖，小火炖焖2小时；开盖，如水位下降就要加开水，加足量后用小火慢炖；8—10小时后看一下汤汁，如果鲍鱼背露出水面，则要加入开水至高出鲍鱼3厘米，再次烧开，关火，原封不动放好，留待第二天再处理。

第二天，将煲锅上火，小火炖10—15分钟，用筷子将煲内食材翻动两下，以防粘底，用绿豆火苗再炖12—15小时，确保煲锅内食材始终"咕嘟咕嘟"。每2小时查看一下，如鲍鱼背露出汤汁，就要加高汤使鲍鱼浸没在其中。

十几小时后，用一根牙签刺一下鲍鱼背部，如感觉鲍鱼已经塌软，即可关火；如不够软，再用小火炖焖2—3小时。整个炖煮过程中都要保持汤汁没过食材。

用筷子将鲍鱼揽在深盒内，将汤汁也全部倒入盒中，保持汤汁浸没鲍鱼；冷却后，加入少量冷熟油，放入冰箱冷藏。食用时将鲍鱼取出，切块、切片、切丝、切角、切丁或整只食用均可。

涨发加工好的干鲍可以制作冷盆、热菜，有烩、炒、凉拌、红烧、白汁、爆炒、糟、炖等多种制法，如松茸扣鲍鱼、海参排鲍鱼、鲍角扣辽参、凉拌鲍片、蚝油鲍脯、锅贴鲍鱼、明珠鲍鱼、菜园鲍鱼、富贵包盈利、春白鲍鱼、鲍鱼炒饭、鲍鱼水饺、竹荪鲍鱼、麻酱鲍鱼丁、鲍鱼泡虾仁等菜肴。

## 干鲍如何存放？

将干鲍依序用保鲜袋、报纸和保鲜袋完整包裹密封后，放入冰箱冷冻保存，只要不受潮，可以存放较长时间。

干鲍存放时间越长越好。存放过程中若出现白色盐斑，用刷子刷掉泡发即可，但吃口会差一点。

## 鲍鱼全席

鲍鱼烹调方法众多，可凉拌，可热拌，生爆、滑炒、烫、糟、蒸、烧、醉等均可。具体可烹制的菜名如下：

鲜鲍：杞子鲍鱼、红油鲍鱼、糟汁鲍鱼、醉汁鲍鱼、鲍鱼香菜、生爆鲍花、鲍鱼双脆、宫保鲍角、鲜鲍虾球、明珠鲜鲍、高汤烫鲍、鲜鲍烧鸡、鲜鲍烧肉、白灼鲜鲍、泡椒鲍花、芝麻酱鲍角等

罐头鲍鱼：芙蓉鲍鱼、鸡蓉鲍丝、鲍鱼排南、鲍鱼片南、鲍鱼海蜇、扣蒸莲花鲍、稀卤鲍鱼、八珍鲍丝、蚝油鲍片、鲍片海底松、鲍鱼瑶柱、春白鲍脯、五柳鲍丝、腴香鲍丝、鲍条芦笋、鲍鱼虾饼等

干鲍鱼：富贵包盈利、明珠吉品鲍、菜园禾麻鲍、鲍鱼炖米鸭、松茸扣吉品鲍、京葱扒鲍脯、鲍鱼钟水饺、鲍鱼春卷、鲍鱼锅贴、鲍鱼捞饭等

## 全鲍鱼宴席烹制上菜顺序

| 类别 | 菜品 | 口味 | 色泽 | 烹调技法 | 主要用料 | 特点 |
|---|---|---|---|---|---|---|
| 四干果 | 开口瓜子、长生果小核桃、开心果 | 香、酥松味美 | 本色 | 花椒盐炒熟 | 各种坚果 | 酥松香脆味美 |
| 四糖果 | 松子粽子糖、大白兔糖牛轧糖、彩条弹子糖 | 甜甜蜜蜜 | 本色 | 购买来 | 各种糖果 | 甜香味美 |
| 四水果 | 嫩红菱、甘蔗荸荠、鲜莲子 | 脆嫩 | 青、白、红 | 自剥自食 | 各种水里生长的水果 | 脆嫩甜美 |
| 四糕点 | 云片糕、芝麻饼小蛋糕、高桥松饼 | 酥松脆香 | 各种各色 | 购买或自做都行 | 面粉、甜馅心 | 酥松脆香 |
| 四盖碗茶 | 青龙凤凰茶、毛峰茶菊花茶、红茶 | 清香爽口 | 四种颜色四种口味 | 九成热开水泡 | 青橄榄各种茶叶 | 清香爽口清甜可口 |
| 前菜 | 四色双盆鲍鱼拼排南 | 咸鲜带甜 | 米白、桃红 | 蒸、批片 | 罐头鲍、宣腿 | 咸鲜香嫩，酥软 |
| 前菜 | 鲍脯拼青笋 | 咸鲜脆嫩甜酸辣 | 米白、青绿 | 切、拌 | 罐头鲍、青笋 | 脆嫩味香酸辣带甜 |
| 前菜 | 鲍脯拼海蜇 | 咸鲜香 | 米白、浅黄 | 批、拌 | 罐头鲍、海蜇头 | 脆嫩味香鲜美 |
| 四色热炒 | 鲍鱼对镶虾饼 | 咸鲜 | 白色 | 清炒 | 鲜活鲍鱼河虾仁 | 咸鲜滑嫩爽口 |
| 四色热炒 | 鲍鱼对镶鸡片 | 咸鲜 | 白色 | 清炒 | 鲜活鲍鱼草鸡胸肉 | 滑嫩味鲜美 |
| 四色热炒 | 透明鲍片对镶菊花胗 | 咸鲜带辣 | 浅黄紫色、红 | 炸 | 鲜活鲍片、鸭胗 | 味鲜香脆嫩 |
| 四色热炒 | 西班牙火腿对镶鲍片 | 咸鲜 | 米白、浅红 | 蒸 | 西班牙火腿罐头鲍鱼 | 味鲜美脆香 |
| 二汤 | 鲍鱼海底松 | 咸鲜 | 造型美观 | 汆 | 罐头鲍海蜇头、鸽蛋 | 汤清味美脆嫩滑爽 |
| 整菜 | 富贵赢好利 | 咸鲜 | 金红 | 烧 | 水发干鲍水发海参 | 软糯鲜香味美 |
| 整菜 | 芙蓉鲍脯 | 咸鲜 | 花白色 | 滑炒 | 罐头鲍鸡蛋清、火腿 | 滑嫩味鲜美 |
| 整菜 | 明珠吉品干鲍 | 咸鲜 | 金黄白、红 | 烧 | 水发干鲍鱼鸽蛋 | 造型美观味鲜香 |
| 整菜 | 菜园禾麻鲍 | 咸鲜 | 浅黄、青绿 | 烧 | 水发禾麻鲍小棠菜 | 味鲜香有嚼劲 |

续表

| 类别 | 菜品 | 口味 | 色泽 | 烹调技法 | 主要用料 | 特点 |
|------|------|------|------|----------|----------|------|
| 座汤 | 干鲍炖米鸭 | 咸鲜 | 米白 | 炖 | 干鲍、老米鸭 | 汤清味香 |
| 美点 | 鲍鱼钟水饺 | 咸鲜带辣 | 米白 | 汆 | 鲍鱼、猪瘦肉面粉、红油调料 | 咸辣味美 |
| 美点 | 鲍鱼春卷 | 咸鲜香 | 金黄 | 炸 | 罐头鲍鱼丝鲜笋丝、春卷皮 | 外脆内嫩酥香 |
| 甜品 | 赖汤圆 | 软糯 | 雪白 | 汆 | 糯米粉甜陷心 | 软糯滑爽味甜 |

以上鲍鱼全席上菜顺序是上海何派川菜传承下来的，用两道汤，一道是二汤，一道是座汤，一道赖汤圆是甜品。如是何派川菜鲍鱼全席，可在鲍鱼宴中穿插何派川菜，锦上添花，味觉上更有层次感。具体何派川菜菜单，可参考本书《刀鱼和全刀鱼宴》。

# 白汁鮰鱼

鮰鱼主产于长江流城，北至黄河、南至闽江，各水系均有分布，为名贵食用鱼种，上至四川、下至江苏均产。淮河中游产者称回王鱼。

【原料】
鮰鱼 1 条（以 1—1.5 千克重为好，体侧和腹部均呈粉红色者为最佳，鱼体太小则肉少，鱼体太大则肉老），熟精火腿 15 克

【调料】
葱、姜各 10 克，油 70—80 克，精盐、鲜粉、料酒各适量，鲜汤 500 克（如家中无汤，可用清水替代）

【制法】
1. 洗宰鮰鱼一般不剖腹，先用小刀在其肛门处切一小口，用绳将鱼头吊起，使腹中血水流出。再挖去鳃，用方头筷从鳃口插入鱼腹，拣出内脏冲洗净即可。烹制前放进开水锅内焯 1—2 分钟，捞出放进冷水盆内。用小刀轻轻剖掉白膜，再冲洗净后，加工成一寸半长、六至八分宽的块。
2. 火腿切末待用。
3. 锅上火烧热，放油烧熟。葱姜洗净，下锅煸一下，再将鱼块下锅煸两下，放料酒、水，大火烧开，盖上盖后用中火烧 10—15 分钟。见鮰鱼熟软透，开大火放调料。见汤汁呈浓白色，即装入汤盆内，上面撒火腿末，即成白汁鮰鱼一菜。

【特点】

此菜带汁不勾芡，鲖鱼肥嫩滑爽，汤鲜味美，色白如奶，浓而不腻。

【提示】

鲖鱼鳔可制成鱼肚，营养更佳。购鲖鱼时要注意，以白色带淡红或有淡黄色的是长江鱼。乌黑的不是鲖鱼，是鲶鱼，鲖鱼是有刺的，且刺会很伤手。

# 杜甫五柳鱼

"五柳鱼"属四川传统名菜，相传是唐代诗人杜甫所创。因为鱼背上有五颜六色的丝，形如柳叶，故称五柳鱼。

【原料】

青鱼 1 条（约 1500 克），鲜笋 30 克，干香菇 3 只

【调料】

泡红辣椒丝 30 克，姜丝 25 克，香葱丝 20 克，油 50 克，盐 4 克，糖 20 克，米醋 30 克，味精、料酒、胡椒粉、生抽、麻油、湿生粉各适量，鲜汤 100 克

【制法】

1. 青鱼刮鳞，破腹去内脏，除去鱼鳃后冲洗干净，下六成热的开水锅烫，再用冷水冲洗，刮掉鱼肚内的黑衣。

2. 在鱼身上划出一字条后将鱼放入盆内，放葱两三根、姜两三片，胡椒粉、酒、盐等各适量，上笼蒸 15 分钟后取出，除去葱姜。

3. 鲜笋洗净焯水后切丝，干香菇洗净泡发后切丝。

4. 锅上火烧热，放油 50 克，将葱姜丝、辣椒丝、笋丝、香菇丝下锅煸炒。将蒸鱼的汤汁倒入锅内，烧开后用湿淀粉勾芡，浇在鱼身上，再淋上麻油，即可上席。

【特点】

色泽金黄，鱼肉滑嫩，有酸有甜，有辣、咸、鲜味，别有川菜风味。

【提示】

新鲜河鱼都可这样制作，如大的河鲫鱼、鲈鱼、鳜鱼，买一段约500克的草青，也可尝试五柳鱼的风味。下锅开水氽熟也可以，中火氽10分钟即成。

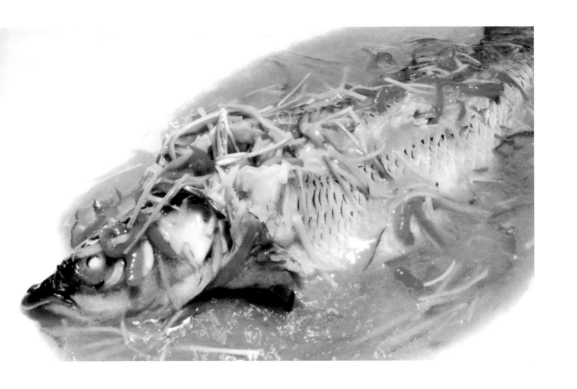

# 五柳鱼丝

　　五柳鱼丝属四川传统名菜，是用鱼去皮去骨刺，将鱼肉切成二寸长、火柴梗粗细的丝烹制的。不但鱼肉要切成细长丝，配料中的笋、葱姜、泡红椒等都要切成细长丝。以"五柳"命名，除了取"柳丝长柳叶细"之意比喻菜肴所有原料切得细长外，据说还与东晋大诗人陶渊明有关。陶有《五柳先生传》传世，文中以"五柳先生"自命。后人仰慕他不与恶势力同流合污的精神，以"五柳"命菜，也有怀念他的意思。

【原料】

新鲜鱼肉 300 克，鲜笋丝、泡红椒丝、葱丝、香菇丝、火腿丝、姜丝（共 100 克），鸡蛋清 1 只

【调料】

植物油 250 克（耗 100 克），干生粉 5 克，盐、味精、黄酒各适量

【制法】

1. 鱼肉洗净，切二寸半长的段，用薄刀（术语称批刀）将鱼肉批成二分厚的片，再切成丝。将鱼丝放在碗内，加料酒、盐适量，加蛋清 1 只拌匀，拌到有小泡泡，放 5 克干生粉拌上劲待用。

2. 锅上火烧热，放油滑锅，再上火烧热，放油烧至五成热，将鱼丝下油锅，用筷子调散成熟，倒在漏勺内，锅内留少许油，将辅料下锅内煸炒几下，加准调味，再将鱼丝下锅翻炒两下，

即可装盆上席。

【特点】
色泽鲜艳，鱼丝滑嫩鲜爽，咸鲜微辣。

【提示】
制作五柳鱼丝最好选用黑鱼肉或鳜鱼肉。黑鱼要 1000—1500
克为好，鳜鱼 750 克左右为好。取出鱼肉，在肉内加点冷水，
在冰箱内存放 2 小时后再切丝为好。近几年五柳鱼丝制作有
所改进，配料用姜丝、泡红辣椒丝、香菇丝等。多余的鱼皮
鱼骨鱼头，可加豆腐烧汤食用。

此菜品由何派川菜第四代传人、刀技沈立兵制作。

# 上汤花胶

花胶是各类鱼鳔的干制品，也有人称鱼肚，上海人称鱼胶，是高蛋白、低脂肪的动物食品。中医认为花胶味甘性平，具有补肾益精、消肿益肺、滋阴养颜的功效，不但可制作菜肴，也可制作甜品、补品。

【原料】
水发花胶 300 克，熟火腿片 25 克（4—5 片），水发香菇 4—5 片，小菜心 5—6 棵，清鸡汤 500—600 克

【调料】
料酒、葱、姜各 30 克，精盐、鲜粉、胡椒粉各适量

【制法】
1.水发花胶切成一寸见方的块，放入砂锅内，倒入 300 克鸡汤，加适量葱姜和料酒，用中小火慢慢炖开，15—20 分钟后捞出，装在深盆内。
2.炒锅洗净，放水烧开，将菜心、香菇片氽熟捞出，连火腿片一起放在花胶盆内。
3.炒锅洗净，倒入鸡汤烧开，加准调料，浇在花胶上，即可上席品尝。

【特点】

花胶软糯，汤清味鲜，营养丰富。

【提示】

一般有黄鱼肚、鮰鱼肚、米鱼肚，可以用油涨发。但"花胶之王"黄唇鱼的鱼肚不能油发，只能用冷水先泡十几个小时后，再用中小火慢慢炖开，焖5—6小时后捞出，在60℃—70℃的温热水中浸泡4—5小时。这样连续进行3—4次，鱼肚摸上去软而有弹性、滑而不黏手时，才可制作菜肴。花胶原料精贵，价格昂贵，在涨发过程中一定要认真小心，用中小火烧开，防止烧糊烧烂，或粘锅底。

# 红烧花胶

黄唇鱼的鳔加工制成的花胶又称皇鱼肚、黄唇胶，成品呈椭圆形，扁平并带有两根长约15—20厘米、宽约1厘米的胶条。浅黄色或金黄色，半透明，褶皱明显，是鱼肚中品质最好者，产量稀少，曾被列为贡品。听上几代恩师说，过去有钱人家公馆都将之作为滋补品食用。

【原料】

水发花胶300—400克，高汤600—700克，火腿汁50克

【调料】

清油30克，料酒50克，葱、姜各30克，白胡椒粉、精盐、鲜粉、湿淀粉各适量

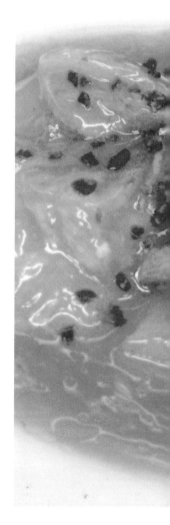

【制法】

1.将水发花胶切成一寸半长、一寸宽的块，放进温水锅内汆开，捞出放进冷水盆内漂养2—3分钟。

2.炒锅洗净，上火烧热，放清油30克烧热，将洗净的葱姜下油锅内用中火煸出香味。放高汤烧开，将花胶放进高汤内，用小火烩3—5分钟捞出。

3.炒锅洗净，上火烧热，放高汤100克，放入料酒、火腿汁烧开，再将花胶放进锅内，用小火烩开，加准调料，淋上少许湿淀粉勾芡，烩开后即可装盆上席品尝。

【特点】

花胶软糯，汤汁浓醇，味香鲜美。

【提示】

涨发花胶时先用冷水泡一天一夜，再放入清水中，用小火慢炖，炖到六七成热时关火，十几个小时后再将花胶捞出，放进另一只盆内，放70℃—80℃的热水浸泡。待用手捏感觉已泡软并光滑有弹性时捞出，放进冷水盆内漂养，再放进冰箱冷藏待用。烹调时一定要备好高汤，不能用酱油烹制。花胶不是普通的鱼肚，过去都是公馆和官府人家食用的，谨防有些不法商人用一般的鱼肚冒充花胶。

此菜品由何派川菜传人、中国烹饪大师杨隽制作。

## 鱼肚和鱼肚宴

　　鱼肚以鱼类之鳔干制而成，略带黄色，又称"玉腴佩羹""鱼胶""鱼鳔""花胶"等，在唐代已被列为贡品，大多产于我国的浙江宁波及福建沿海，也有从波斯湾及印度群岛进口的。

　　鱼肚分海鱼肚和河鱼肚两大类。优质海鱼肚被列为"四大海味"之一，近代被列为"八珍"之一，为高蛋白、低脂肪滋补品。其主要营养成分为高黏性胶体蛋白和黏多糖等物质，因而香港人称之为"花胶"，上海人则称"鱼胶"，大黄鱼肚称"大黄鱼胶"，小黄鱼肚称"小黄鱼胶"。中医认为，鱼肚味甘性平，有助于补肾益精、滋养经脉。

### 鱼肚品种鉴别

　　海鱼肚品种很多，由于鱼的品种不同、品质不同，各地称法也不同。常见的有黄唇肚、毛鲿鱼肚、米鱼肚、鮰鱼肚、大黄鱼肚、鳗鱼肚、鲟鳇肚等，这类鱼肚都属高档海味，其中黄唇肚最贵，统称为"广肚"的毛鲿鱼肚和米鱼肚次之，鮰鱼肚、小黄鱼肚、鳗鱼肚较次。

　　黄唇肚：用黄唇鱼的鳔加工制成，金黄色，光泽鲜艳半透明，长圆形，波纹显著，长约26厘米，宽约18厘米，厚约0.8厘米。黄唇肚是鱼肚中最好的品种之一，很多年前我在香港时用过，当时每500克三四百元。烹饪这种鱼肚一般水发，有的同水鱼一起炖汤，还可切丝，同鲍鱼、散翅同烩煮羹，有些人把它当作补品食用。

毛鲿鱼肚：有雌雄之分，雄的形如马鞍，略带淡红色，有皱纹，质感厚，涨性很好，可水发后作甜品食补；雌的形体较平展，质感较薄，涨发性也较差。

大黄鱼肚：以大黄鱼的鳔制成。秋季捕获加工的称"水肚"，又称"冷水肚"，质量较好；春夏捕获加工的称"大水肚"，又称"热水肚"，品质略差。大黄鱼肚体小肉质薄，一般都用油发。

鮰鱼肚：鮰鱼生长在长江，鱼肚体形小，但肉质厚硬，吃口较差，带苦味，江浙地区较多。

小黄鱼肚和鳗鱼肚：质量较差，体形长而薄，肉质也薄，一般用于配料，只能用油发。

河鱼肚即鱼泡，有些人视为无用之物，在洗宰时随手丢掉。其实这鱼泡是可以食用的，但不能发。鱼泡用剪刀破开，洗净血筋和黑皮后，同鱼一起红烧，也可单独做菜，如"盱眙活珠"（青鱼泡与鲢鱼泡），但口感与营养都远不及海鱼肚。

## 如何挑选鱼肚

上品的鱼肚，张大体厚，含胶质丰富。鱼肚越干越好，对着光照有透明感，质地洁净、无血筋等物，色泽透亮为佳；受潮鱼肚灰暗无光泽，质次；如果色泽发黑则已变质，不可食用。

鱼肚以形体平坦、完整、边缘齐整为佳，一些搭片（将几片小鱼肚敲压后制成一大块）虽形体不小，也很厚，但质差，涨发时易夹心、不透。

如何涨发鱼肚

　　鱼肚是干制品，烹调之前必须涨发，以油发、水发为主，水发鱼肚营养价值略高于油发鱼肚，油发常用于质量一般、小而薄的鱼肚，而品质好的鱼肚如黄唇鱼肚最好用水发。

　　水发：先用冷水浸泡24小时，然后小火烧至半开，离火，焐24小时，待手摸鱼肚软透，弹而不糊、滑而不黏即可烹调，红焖、炖汤皆可。若发过头则吃时粘牙，若没发透则口感僵硬。

　　油发：鱼肚放温油中下锅，小火窝泡，约半小时鱼肚萎缩至软后捞出；油温烧至七成热，再下鱼肚，不停翻动，直至胀大发足至淡黄色，即可捞出备用。烹调时再用冷水泡软，改刀切好后用热水放少量碱洗净油气，再用清水反复洗净，免有碱味。油发鱼肚要发透，油锅中要有"噼啪噼啪"的声音，否则在水里浸时会发黏，影响口感。

鱼肚宴菜单

　　一般鱼肚制作方法有：烧、炖、烩、扒、蒸、拌、氽、焖等。而且制作鱼肚菜肴一定要配上有滋味的食材，如火腿、草鸡、猪瘦肉、鸭子、干贝、香菇、高汤等，让有滋味的食材吐味给鱼肚，使鱼肚吸收滋味，成为完整的菜肴。

常见鱼肚菜品有：竹荪广肚、三鲜鱼肚、上汤广肚、鸡油鱼肚、干贝鱼肚、三虾鱼肚、奶汤鱼肚、蟹黄鱼肚、蟹膏鱼肚、鸡蓉鱼肚、白汁鱼肚、红烧花胶（水发）、荷包鱼肚、麻酱鱼肚、胡油鱼肚、鸡丝鱼肚、竹荪鱼肚、八珍鱼肚、粟米鱼肚、鸡粥鱼肚、松茸扒鱼肚、稀卤鱼肚、家常鱼肚、蚝油鱼肚、豌豆蓉鱼肚、银白鱼肚、鹅掌鱼肚、鸡米鱼肚、刀鱼广肚、桂花鱼肚、白雪鱼肚、鸭丝拌鱼肚、红油鱼肚、鲍鱼烩鱼肚、青笋鱼肚、菜园鱼肚、红油鱼肚水饺、开葱鱼肚烩面、红油莲子鱼肚蜜（水发鱼肚）等30多个鱼肚菜品和全鱼肚宴席。

鱼肚宴席菜单一份如下：

冷盆：熟鸡丝拌鱼肚、麻酱鱼肚、鸭肉拌鱼肚、胡油鱼肚、鲍鱼拌鱼肚、青笋拌鱼肚

热炒：三虾鱼肚、家常鱼肚、蚝油鱼肚、八珍鱼肚

大菜：干贝鱼肚、松茸扒鱼肚、鹅掌鱼肚、刀鱼广肚、菜园鱼肚、竹荪广肚汤

美点：鱼肚红油水饺、开葱鱼肚烩面

甜品：红油莲子鱼肚蜜（水发鱼肚）

送上一品生果。

鱼肚菜品和全鱼肚宴席菜单是上海何派川菜板块，在鱼肚宴的同时，为食客配备了一组何派川菜板块的名菜，如虾须牛肉、干煸鱿鱼丝、回锅肉海鲜、原笼粉蒸牛肉、家常大乌参、罗汉鳜鱼、红棉虾团、开水白菜、干煸鳝背、灯影牛肉、干烧鳜鱼、珊瑚白菜、香酥鸭子、棒棒鸡丝等，一定令您口舌为之一振，回味无穷。

老话说得好：夏天不热，五谷不结，五棵不甜，五瓜不熟。万物生长是按季节和气候变化而来的，植物是这样，人体五脏六腑也是这样，相应的，饮食也要随之而变。

### 当季蔬菜

冬瓜、黄瓜、南瓜、丝瓜、苦瓜、北瓜、白瓜、西瓜、刀豆、玉米、空心菜、韭菜、蒜薹、韭薹、生菜、香椿头、百合、芦笋、辣椒、番茄、毛豆、豇豆、洋葱、娃娃菜、扁尖笋、豆制品类……

### 当季荤食

童子草鸡、河虾、六月黄毛蟹、鳜鱼、黄鳝、大黄鱼、鲳鱼、猪瘦肉、大排骨、小肋排、牛肉、鸡蛋、皮蛋、黑鱼、鲜鲍鱼、鱿鱼、河鳗鲡、螺蛳、蛤蜊、咸肉火腿、鲜贝、虾米、海蜇头、海蜇皮、海带、鸽子、鸽蛋、海蟹、高邮咸蛋、鲥鱼、咸带鱼……

### 烹饪要诀

夏季制作菜肴，色泽要浅淡一点，味道要清淡一点，但要淡而有味，淡而不薄。因为夏天气候炎热，流汗较多，人体缺少盐分，嘴里本身无滋味，如菜肴过淡，会影响胃口，进而影响健康。要懂得人是靠食养的。五谷为养，五果为助，五畜为益，五菜为充，味合而服之，以补益精气。

# 芙蓉羊肚菌

　　羊肚菌是蔬食烹饪中的珍贵原料，其美味世界知名。

　　羊肚菌子实体头部呈圆锥形，由不规则网状棱纹分割成许多蜂窝状的凹陷，酷似牛羊的蜂巢胃，故又称羊肚子、羊素肚、地羊肚子。其菌柄软肥，通体中空，质地很脆。一般高5—9厘米，春末夏初时，野生于潮湿的阔叶林中或林园空旷处。产于黑龙江、云南、四川、河北、甘肃、陕西等地，以云南为多。采摘后，鲜品烹调菜肴极清香脆嫩。

　　目前市场上只有干制品或腌制品。干制品烹时须泡发，腌制品须脱掉咸味。未听说有人工培育，故更为珍贵。可用于烧、烩、扒、酿、蒸、拌、炖等烹调方法。营养丰富，滋味鲜美，中医认为其味甘性平，可益肠胃、化痰理气，对消化不良、痰多气短等有食疗功效。

【原料】
干羊肚菌10只（30—40克），小干贝15克，鸡蛋清4只，小虾仁150克，熟火腿20克

【调料】
鲜汤500克，葱姜、料酒、精盐、鲜粉、胡椒粉、干生粉、熟猪油各适量

【制法】
1. 将羊肚菌用温开水泡发半小时，用清水洗2—3次。用小指头从柄处伸进，挖去内外泥沙。用开水泡养，取出后沥干

水分待用。

2. 小干贝用温水洗净，放葱姜、料酒等适量，上笼蒸20分钟，去掉葱姜待用。小虾仁洗净后沥干水分，用盐、蛋清、干生粉等适量拌匀上浆，剁成虾蓉。

3. 将虾蓉、小干贝分别塞入羊肚菌内，塞满后装在碗内，上笼蒸10—15分钟。将4只蛋清放在深汤盆内，用筷子打成蛋泡，多余的虾蓉放进蛋泡内，用筷子调匀。

4. 预先备好一只大圆盆，抹上一点猪油，将蛋泡糊倒在盆内，上笼用中汽蒸3分钟。取出后，将蒸好的羊肚菌逐只排在蛋清糊上。

5. 炒锅上火烧热，将鲜汤倒入锅内烧开，加调料后装在大汤碗内。将蒸好的蛋泡糊倒入汤碗，淋上10克熟猪油，将熟火腿切成细末撒在蛋泡糊上，即可上席。

【特点】
此菜白色上有淡红色，再加羊肚菌的铁灰色，三种色泽都可食用，形色美观，滑嫩鲜香，富有营养，又有滋补功能，是何派川菜中的公馆菜肴。

【提示】
制作此款菜肴，若能选用新鲜羊肚菌更佳。蛋泡糊混入虾蓉后一定要调匀，锅内鲜汤一定要烧开，再将蛋泡糊倒入汤锅内烧开，并用铁勺不断推动，待蛋泡糊烧透后再放油装盆，才能成就芙蓉。

# 陈皮沼虾

河虾有米虾、白虾、沼虾等，以沼虾的烹调应用为最广泛。沼虾俗称大头虾、青虾等，体青绿色，有的带有棕色斑纹，在 4 至 9 月间食用最佳。可制作盐水虾、糟虾、醉虾、白灼虾、油爆虾等，这里介绍一款不一样的吃法——陈皮沼虾。

【原料】
鲜活沼虾 500 克，九制陈皮 15 克

【调料】
葱、姜各 10 克，料酒 25 克，白糖 15 克，麻油 10 克，熟油 300 克（耗 50 克），盐、米醋各适量

【制法】
1. 葱、姜、九制陈皮切成细末；沼虾剪去虾须，沥干水分。
2. 炒锅上火烧热，放油 300 克，烧至七八成热，将虾下油锅内炸约半分钟捞出。
3. 将油倒出，锅内留少许油，放入葱姜末，用中火煸炒出香味，放糖、盐、料酒炒开，使糖全溶化后，把炸好的虾倒入锅内，用旺火推炒颠翻约半分钟，使锅内汁全收在虾身上，将九制陈皮撒入，推翻两下，淋上麻油，再淋上几滴米醋，即可装盆上席品尝。

【特点】

色泽黄亮，甜咸鲜香，虾肉嫩而有弹性，陈皮芳香四溢，别具一格。

【提示】

此菜原料简单，制作方便，家中值得一试，但家中火小锅小，500克虾可分两次烧。虾一定要活，大小均匀，最好买来剪掉虾须就烧，否则营养流失，影响口感。

此菜品由上海何派川菜第四代传人、高级烹调师陈吉清制作。

# 陈皮草虾

【原料】

活草虾 500 克，九制陈皮 15 克

【调料】

植物油 400 克（耗 60—100 克），葱姜、料酒、盐、米醋、麻油各适量，糖 30 克

【制法】

1. 草虾洗净，剪去虾须，从虾背上用刀批开半寸长，挑去黑肠；葱、姜、陈皮切成细末。

2. 锅上火烧热，放油烧至六七成热，将虾倒入油锅炸约半分钟后捞出，反复两次。

3. 锅内留少许油，将葱姜末下锅用中火炒出香味，放糖、盐、料酒炒开，待糖全部熔化后快速将复炸的虾倒进锅内推炒两下，撒上九制陈皮，淋上少量米醋和麻油，即可装盆上席。

【特点】

色泽红亮，肉嫩壳脆，甜中带鲜，芳香四溢，别具一格。

【提示】

家中烹饪此菜要注意炸虾时的安全。家里锅小，一斤虾可分两次炸，油不能放太多，火要旺一点。草虾买来即烧，否则营养流失，影响口感。

此菜品由何派川菜第四代传人、高级烹调师陈吉清制作。

# 陈皮牛肉

　　牛有黄牛、水牛及青藏高原之耗牛。牛肉味甘性温，同猪肉一样，为完全蛋白质食品，能安中益气、补脾胃、壮腰脚、止消渴。

【原料】

黄牛后腿肉 500 克，干陈皮 15 克，九制陈皮 20 克

【调料】

植物油 100 克，麻油 5 克，红油 5 克，生抽 10 克，白糖 5 克，黄酒 10 克，干辣椒 4—5 只，花椒粒 40 粒，香葱 3—4 根，姜 10 克，郫县豆瓣酱 15 克，酒酿汁 15 克，味精适量，泡红辣椒 2 只

【制法】

1. 牛肉切成一寸半长、一寸宽、二分厚的长方厚片，放在碗内，用少许生抽拌匀，腌渍 7—8 分钟。干辣椒切段去掉辣椒籽，葱洗净切段，姜切成指甲片，泡红辣椒切菱形块。

2. 锅上火烧热，放油滑锅，再将锅烧热，放油 50 克，烧到八成热，将牛肉片下锅煸炒，炒到牛肉无水分、有点黄色时倒出。

3. 炒锅洗净，上火烧热，放油 50 克烧热，将花椒粒下油锅煸出香味，再将花椒捞出，将干辣椒段、陈皮下油锅煸炒片刻，放郫县豆瓣酱炒出红油后，再将煸好的牛肉下锅，放酒、生抽，加 500 克汤汁（如无汤，可加清水），烧开后换小火

慢烧30—40分钟，转中火烧，加糖，去掉陈皮块，加酒酿汁、味精上好味，用旺火收汁，放葱段、姜片、泡红辣椒块，将汁收干，放辣油、麻油，推翻几下即可装盆。

【特点】
色泽红亮，亮油不吐汁，微辣轻麻，咸中带甜，陈皮芳香四溢，牛肉酥香味浓有嚼劲，入嘴化渣不塞牙，下酒下饭均佳。大伏天可存放三四天不变质，旅游时携带方便，可作休闲小吃。

【提示】
购买牛肉时一定要选新鲜红亮的，不要选暗黑的。新鲜的牛肉上没有污物，买来请勿用水冲洗，因为牛肉冲洗后含水分多，煸炒时会有更多汤汁出现。切牛肉时要将牛肉的筋膜和浮油等杂物都修干净，再切厚薄均匀的片。煸炒时最初火要旺一点，中间转中火，防止锅底有焦末。掌握好煸炒牛肉的火候是关键。

此菜品由何派川菜第四代传人、国家级技师丁健美制作。

## 冻穿鸡翅

鸡翅是活肉，是鸡身上最好的部位，滑嫩可口，可制作香酥鸡翅、糟香鸡翅、冬笋鸡翅、香菇鸡翅、栗子鸡翅等，四季常用。

【原料】

鸡中翅 10—12 只，鸡脚 3—4 只，熟鸡脯肉 50 克，粉皮 100 克，火腿 30 克，笋 50 克

【调料】

精盐、鲜粉、葱姜、料酒各适量

【制法】

1. 新鲜鸡翅洗净，两头略修，同鸡脚一起放锅内氽一下捞出，用冷水冲洗干净，放于碗内，加葱姜、料酒、盐、鲜粉适量，清水 200 克，用保鲜纸封好碗口，上笼用旺汽蒸 25—30 分钟。

2. 火腿和笋煮熟，切成火柴梗粗细的丝，鸡脯肉撕成丝，粉皮切成小块，放开水锅内煮一下，捞出沥干水分，拌上盐、鲜粉待用。

3. 将蒸熟的鸡翅和鸡脚取出，去掉葱姜，鸡脚一斩两爿，蒸鸡翅的汤汁调好味待用。

4. 将鸡翅骨头抽掉，火腿、笋各两根，姜丝一根穿进鸡翅内装盆，浇入蒸鸡翅的汤汁，上笼用旺汽蒸 4—5 分钟取出。

5. 拌好的粉皮放在盆中间，将鸡丝放在粉皮上面，穿好的鸡翅围在鸡丝周围，再将鸡翅汤汁浇在鸡丝和鸡翅上。用保鲜

纸封牢，放冰箱自然冷冻。待冻结后即可上席食用。

【特点】

色泽美观，鸡翅酥软，鲜美可口，鸡丝、粉皮滑嫩鲜香，是一款夏秋季节佳肴，可作高档宴席冷碟。特别适合老少人群食用。

【提示】

选购鸡翅时，挑大小均匀的。蒸时不要蒸得过酥，待温冷时拆掉鸡翅内两根骨头，小心不要将鸡翅拆破。制作此菜肴时，注意卫生安全，用具要预先用开水消毒好。冷菜要特别注意食品卫生。

此菜品由高级烹调师俞雷制作。

# 绣球干贝

　　干贝又称江瑶柱，属水产制品类。鲜品色白，质地柔脆，干制后收缩，呈淡黄至老黄色，质地坚硬。必须经涨发后方可烹制食用。好的干贝价格昂贵，属高档原料，多用于高档宴席。其味鲜美，有"海味中的极品"之誉。且被一些地方列为"海八珍"之一。

【原料】
干贝100克，小河虾仁150—180克，猪肥膘50克，小菜心4—5棵，胡萝卜球4—5棵

【调料】
清汤250克，盐、鲜粉、白胡椒、料酒、葱姜各适量

【制法】
1. 干贝剥去边上的一小块老皮，用冷水清洗一次，随后放进碗内，加葱2根、姜2片、料酒50克，放清水，上笼蒸30分钟后取出，撕成干贝丝待用（干贝汤留用）。

2. 小河虾500克放进冰箱内冷冻半天，随后取出放在冷水内，自然化冰后，剥掉虾壳，用清水漂洗虾肉，沥干虾肉水分后（约沥1小时），将虾肉放在碗内，放点盐拌匀，加一只蛋清拌糊，再加上约10克干生粉拌上劲，放进冰箱内冷藏半小时。

3. 肥膘肉下锅，用小火煮开，约煮20分钟后捞出，切成米粒大小的粒。

4. 从冰箱内取出上好浆的虾仁放在砧板上，用刀斩成虾蓉，

再将肥膘肉放进虾蓉内一起斩好后放进碗内，加鲜粉拌匀。

5.干贝丝摊在圆盆内，将虾蓉挤成直径六分的丸子，放进干贝丝盆内不断滚动，使虾球外面全部粘上干贝丝，装在另外一只深一点的圆盆内，上笼用大火蒸10分钟后取出。

6.将胡萝卜和菜心修成橄榄形，下开水锅内煮熟，放进蒸好的干贝球内。

7.锅洗净，放清汤，加上蒸干贝的鲜汤一起烧开，放一点白胡椒粉，浇在干贝球上，即可上席。

【特点】
干贝淡黄色，菜心与胡萝卜青红相间，赏心悦目。汤清味鲜，软嫩滑爽，营养丰富。

【提示】
购干贝时，国内的要像人民币5分硬币大小，要厚一点，色要黄而油亮为好，国外的要买人民币1元硬币的大小为好。在国内广东、广西沿海较多见。上海有一种干贝是山东等地出产，像花生粒大小，色白黄，较软，质量不错，价钱便宜，但做绣球干贝不宜，烧丝瓜、冬瓜、豆腐、白菜、粉丝等都可以。放上4—5枚大干贝炖鸡汤，也是上档次的菜肴。

*此菜品由何派川菜第四代传人、高级烹调师李红制作。*

# 干烧鲖鱼

鲖鱼是名贵食用鱼种。四川称江团，淮河中游产者称回王鱼。烹调鲖鱼时，除洗宰干净外，斩块前必须放在开水锅内焯水，捞出用冷水洗净鲖鱼皮上白膜，这是烧好鲖鱼菜肴的关键！

【原料】

活鲜鲖鱼 1 条（1200—1500 克）

【调料】

葱 70—80 克，姜 30—40 克，郫县豆瓣酱 70—80 克，泡红辣椒 2 只，酒酿 50 克，料酒 30 克，植物油 70—100 克，醋、糖、盐、生抽、鲜粉、麻油各适量，鲜汤 750 克（若无汤，可用清水代替）

【制法】

1. 将鲖鱼洗宰干净，斩成一寸半长、八分宽的块待用；葱姜洗净，切成小粒；泡红辣椒去籽切成末。

2. 锅上火烧热，放油滑锅，将油倒出，锅再烧热，放油 50 克，烧旺，将鲖鱼块下锅煎两面，倒在漏勺内。

3. 炒锅烧热，放 30 克油烧热，加郫县豆瓣酱、姜末同炒，加泡椒末，煸炒出红油，放酒酿炒散，加料酒、盐、生抽、清水烧开，将鲖鱼块下锅内烧开，盖上盖，用中火慢烧 10—15 分钟，待鱼肉软透后再加糖、鲜粉，改旺火收汁，放葱粒，待卤汁全裹在鱼块上，淋上几滴醋和麻油，出锅装盆上席。

【特点】

此菜用何派川菜烹调技法，属家常味型。色泽金黄，亮油不吐汁，鱼肉肥嫩，味道鲜美。

【提示】

在收卤汁时注意火候，防止粘锅底烧焦。但鱼汁全要收在鱼块上，这样鱼肉入味，会更鲜美。

*此菜品由何派川菜第四代传人、高级烹调师王志远制作。*

# 郊园羊肚菌

【原料】

干羊肚菌 10 只（30—40 克），绿叶菜（豆苗、菠菜、青菜等均可）200 克，虾仁 60—70 克，熟火腿 10 克

【调料】

油 50 克，盐、鲜粉、料酒、湿淀粉、干生粉各适量，鲜汤 150 克

【制法】

1. 将干羊肚菌用温开水泡发半小时，洗净，要洗 2—3 次，特别是从根部用小手指伸进羊肚口内，用水内外冲洗干净，再用开水泡 20—30 分钟，取出沥干水分待用。

2. 虾仁洗净，用少许精盐和少量蛋清拌透，加少量干生粉拌匀，斩成虾泥待用；熟火腿切成细末待用；新鲜绿叶菜洗净待用。

3. 将虾泥从羊肚菌柄口塞进羊肚菌内，塞满为止。待全部塞满，将火腿末放在羊肚菌柄口的虾泥上面。全部放好后，再将羊肚菌放在小碗内，菌柄口朝上，上笼蒸 10 分钟。

4. 蒸的同时炒锅上火烧热，将绿叶菜炒熟装在圆盆内，将蒸好的羊肚菌取出逐只排在绿叶菜上面，羊肚菌柄朝上。

5. 炒锅洗净，将鲜汤下锅烧开，放准调料，勾薄芡，淋上少量油，浇在羊肚菌上面，即可上席。

【特点】

此菜是公馆菜肴。有三色，底绿，上面黑色，内白色带点淡红色，造型美观。上口脆，内滑嫩美味，鲜香爽口。

【提示】

干羊肚菌一定要洗干净泡软再用，可能内外泥沙特别干，要格外仔细。虾仁要上好浆后再斩泥，斩得细一点。可用小虾，自己去虾壳，洗净沥干水分再上浆。若无鲜汤，可用清水。若有新鲜羊肚菌，制作此菜，质地更佳。

# 腴香肉丝

　　此是上海何派川菜的代表菜之一，与四川的鱼香味型实际上是一脉相承的。何其坤根据上海人的口味加以改进，收到了意想不到的效果。

【原料】

瘦猪肉 200 克，葱白 30 克，姜 15 克，蒜子 5 克，泡红辣椒 30 克，鸡蛋清 1 个

【调料】

植物油 200 克（耗 50—60 克），醋 15 克，生抽 10 克，糖 10 克，料酒、盐、鲜粉、干生粉、湿淀粉各适量

【制法】

1. 将瘦猪肉切一寸半到两寸长、宽厚各约一分的丝，放进碗内，加盐、料酒、清水各适量拌匀，加鸡蛋清一个拌糊，再加适量干生粉拌匀，放入冰箱待用。

2. 葱、姜、泡红辣椒洗净，葱切两寸长的火棒丝，姜切得比葱细一点，泡红辣椒去掉籽，切一寸半长的火棒丝，蒜子切细丝。备小碗一只，配上料酒、醋、生抽、糖、湿淀粉，调成汁。

3. 锅上火烧热，放油 200 克烧热，将油倒在桶内，锅再上火烧热，放油烧至五六成热时，将肉丝下油锅内，用筷子划散开，见肉丝呈白色并全分开，倒在漏勺内沥干油。

4. 锅内留 10 克油，将泡红辣椒下油锅内煸炒四五下，再将蒜、

葱、姜逐样下锅煸一下，将肉丝下锅，再将小碗内的调料倒
在肉丝上，推炒几下，即可装盆上席。

【特点】
色泽金红光亮，腴香四溢，肉丝鲜嫩，味道隽永，齿间留香，
入口以后，先有泡红辣椒的鲜辣，并伴有葱姜蒜的芳香，微辛，
接着是有薄薄的酸甜鲜感，各味平均，互不相压，回味无穷。

【提示】
选用全精肉，修净四周油筋杂物，切成一寸半到两寸长的二
粗丝，长短要均匀。肉丝上浆前要先放一匙冷水拌一下，再
放其他调料。

# 罗汉上素

【原料】

干香菇8—10只，羊肚菌8—10只，草菇8—10只，竹荪10—15克，干木耳5克，玉米笋8根，福果（银杏）8—10只，胡萝卜球8—10只，青笋球8—10只

【调料】

清素油60—70克，麻油15克，葱姜、鲜粉、胡椒粉、精盐、湿淀粉各适量，素高汤800克（家中若无，可用开水）

【制法】

1. 将所有菌菇放入冷水中泡软，去根洗净修齐，放入开水锅内煮透捞出，沥干水分。

2. 炒锅洗净，上火烧热，放清油50克，放入洗净的葱姜煸炒出香味，放高汤600克，烧开后再煮4—5分钟，捞出葱姜不用，再将青笋、福果、胡萝卜下锅，用小火煮熟捞出，装在大圆盘内。将各种菌菇煮透捞出，装盆摆齐。

3. 炒锅洗净上火，加200克高汤，放清油20克烧开，加准调料，淋上少许湿淀粉勾薄芡，再淋少许麻油，将芡汁浇在素烩上，即可上席品尝。

【特点】

各种原料色泽分明，食用方便，滋味鲜美，软糯脆嫩。

【提示】

各种原料放入高汤内煮时可放少许盐和鲜粉。

此菜品由何派川菜传人、中国烹调大师杨隽和刀技沈立兵拼
档制作。

# 花浪香菇

【原料】

干香菇 10—12 只，鸡胸肉 100—120 克，鸡蛋清 2 只，各种花浪小料（可自由选择，要可食用）若干

【调料】

清油 50 克，鲜汤 200 克，精盐、鲜粉、胡椒粉、干生粉各少许

【制法】

1. 将干香菇泡发 2 小时，剪掉老根，再用温水泡洗一次，用冷水洗干净，捞出沥干水分，放进碗内，加鲜汤 200 克，用保鲜纸封好碗口，上笼用旺汽蒸 1 小时，取出捏干汤汁，摊在平盆内待用。

2. 鸡胸肉洗净，去油筋等杂物，切成小丁，斩成鸡蓉，放在碗内，加少许盐、鲜粉、胡椒粉拌匀，加 30 克冷水，用筷子搅上劲，加鸡蛋清 1 只，拌匀，再加 20 克冷油拌上劲，放少许干生粉拌匀待用。花朵小料切好待用。

3. 将鸡蓉挤在香菇内，刮平，放上花朵图案，上笼用中汽蒸 6—8 分钟，取出调装圆盆。

4. 炒锅洗净上火，放鲜汤 100 克，加准调料，烧开，淋上少许湿淀粉勾薄芡，烧开后再淋上几滴清油，将芡汁浇在花朵上，即可上席品尝。

【特点】

造型美观，滑嫩鲜香，营养丰富。

【提示】

香菇一定要多洗几次，泡软，用高汤蒸软后再用，以使香菇
软糯入味。此是公馆菜品，口味不要太咸，清淡为宜。

此菜品由何派川菜第四代传人、高级烹调师李红、陈吉清拼
档制作。

# 虾须牛肉

【原料】

净瘦牛肉（红包肉）1000 克起算

【调料】

上等花椒粉 10 克，上等辣椒粉 8 克，白糖 10 克，酒酿汁 25 克，植物油 500 克（耗 150 克），花椒粒 30 克，精盐 50 克，葱、姜各 50 克，红糖 15 克，料酒 50 克，红油 10 克，麻油 10 克，芝麻 5 克，五香粉、鲜粉各适量

【制法】

1. 将牛肉去掉浮皮及污杂部分后，顺着纹路批成二分厚的块。精盐放花椒粒，放进炒锅内，上火炒成淡黄色，有香味溢出，倒入盆内拌上红糖，待冷却后，抹在牛肉块上，腌渍 8—10 个小时，然后一块一块摊在篮内晾着，最好放在通风处，夏天晾吹 8—10 个小时，冬天约 24 个小时。

2. 牛肉晾干后，在铁盘内摊平，放进烘箱内用小火烘烤，每隔 15 分钟翻动一次，约烤 2 小时，注意不能烤黄烤焦，待牛肉片干透无水分、变硬呈淡红色时取出，放在蒸盘内，放上葱姜片和料酒等，上笼用旺火旺汽蒸 120—150 分钟。

3. 取出待冷后，将牛肉撕成火柴梗粗细的丝，每根粗细要均匀，并且注意撕去牛肉上的白色筋丝。

4. 锅上火烧热，放油烧至四五成热时，将牛肉下油锅内炸，炸至牛肉丝硬而松时捞出，将油倒在油桶内，锅内留点余油，放料酒、糖、酒酿汁、鲜粉、花椒粉、辣椒粉、五香粉，将

炸好的牛肉丝下锅快速翻炒，使卤汁全吸收进牛肉丝内，淋上红油和麻油，撒上芝麻，起锅待冷，装盆上席。

【特点】

色泽红亮、麻辣、酥香、咸鲜甜、各味兼有，肉质细松，入口化渣，是高档宴席上的冷碟，久存不变质，在大伏天也可放20天。此菜属川菜中的麻辣味型（不放蒜、葱姜、醋），有的麻辣味型要放蒜，有的放葱姜，有的放醋，不是千篇一律的，所以同一个味型的菜品，在味别上有不同点，这是上海何派川菜的板块，以花椒粉、麻辣粉、红油为主调，成麻辣味。

【提示】

此菜工艺步骤较多，批、腌、吹、烘、蒸、撕、炸、炒等，每道工艺都要认真细心。特别是手撕，丝一定要粗细均匀。

此菜品由国家级烹调技师、上海市非物质文化遗产项目绿杨邨川扬帮菜点制作工艺第二代传承人、何派川菜第四代传人，25年前全国烹饪大赛中获银奖的沈振贤制作。

# 原笼粉蒸牛肉

【原料】

黄牛肉 250 克，米粉 50—60 克，绿叶时令蔬菜（如豆苗、菠菜、鸡毛菜）100—150 克，鸡蛋清 1 只

【调料】

生抽 20 克，郫县豆瓣辣酱 25 克，植物油 50—60 克，酒酿汁 50 克，葱、姜末各 10 克，糖、鲜粉、干生粉、料酒、蚝油各适量，麻油 25 克，花椒粉、蒜蓉、辣椒粉、香菜末各适量（单独装小碟跟蒸好的牛肉同上）

【制法】

1. 牛肉去筋，顺肉纹切成一寸半长、一寸宽、一分半厚的片，放进碗内，加少许料酒、盐、清水 20 克、蛋清 1 只拌匀，放少许干生粉上浆待用。

2. 将上好浆的牛肉放糖、酱油、葱姜末、豆瓣辣酱、蚝油、酒酿汁、鲜粉拌匀，再放入预先磨好的炒米粉拌匀，加油 50—60 克拌透。

2. 备中笼两只，时令绿叶菜洗净，沥干水分，摊平在笼底，撒上少许精盐，将上好浆的牛肉逐片排在笼内绿叶上，排满两笼，不要重叠。

3. 锅内水烧开，盖上笼盖，将牛肉上笼蒸 8—10 分钟后取出，汽要足，火要旺。

4. 锅上火烧热，加麻油 25 克烧至七八成热。牛肉上面撒点葱花，将热麻油浇在葱花上即成。上席时跟预先装好四种小料的小碟。

【特点】

牛肉细嫩，味香浓郁，鲜美可口，别有风味。川菜做法 500 克牛肉分 10 个小笼蒸，每人一小笼，像上海人吃小笼包一样，不用绿叶菜垫底。何派川菜在制作上有所改进。

【提示】

粉蒸牛肉片的粉要比粉蒸肉的粉细一些，后者要蒸 2 小时，何派粉蒸牛肉只要蒸 8—10 分钟即可。这是品尝性菜肴，嫩香鲜美，并有素菜清口。250 克生牛肉可分两笼蒸，供 10 人品尝，如是四五人，一笼即可。

此菜品由何派川菜第四代传人、高级烹调师李红制作。

# 锅贴鸡方

【原料】

鸡胸肉150克，熟火腿150克，咸吐司3—4片，鸡蛋清2只

【调料】

清油100克，精盐、鲜粉、干生粉各少许，鲜汤60—70克

【制法】

1.鸡胸肉去净油和筋，切成小丁，用刀背敲成泥，再用刀斩20刀，放入碗内，加冷汤70—80克，调成糊状，加少许盐和鲜粉，搅上劲，加鸡蛋清2只和30克清油调匀，放少许干生粉拌上劲待用。

2.咸吐司修成一寸半长、八九分宽、一分厚的长方片，熟火腿切成一寸长、八九分宽、一分厚的长方片待用。

3.将鸡肉糊挤在每块吐司上，刮平，再将火腿片放在鸡肉上，上笼用中汽蒸5—6分钟取出。

4.炒锅洗净，上火烧热，用油滑锅两次，第三次放油50克，烧至三四成热时，用小火将蒸好的鸡块逐块放进锅内贴煎，一面煎，一面用手转锅，不要使鸡块粘底。煎至底部的吐司呈金黄色、中间的鸡肉熟透后盛起装盆。

【特点】

色泽美观，酥嫩鲜香。

【提示】

下锅煎时先用小火，再调中火，一定要边煎边转锅。此属公馆菜，要贵宾等菜，趁热食用。

此菜品由何派川菜第四代传人、国家级技师丁健美制作。

# 锅贴鸽蛋

【原料】

鸽蛋 6—7 只，虾仁 200—250 克，肥猪肉膘 100 克，西兰花 200 克，咸面包 6—8 片，鸡蛋清 2 只，熟火腿 25 克

【调料】

植物油 60—80 克，精盐、鲜粉、干生粉、葱姜、料酒各适量

【制法】

1. 虾仁漂洗 2—3 次，沥干水分，放少许盐、鲜粉、蛋清拌匀，放少许干生粉上浆，放进粉碎机内粉粹成虾蓉。肥膘肉煮熟，切成细末，放进虾蓉内调匀，再放 1 只蛋清拌成厚糊状，加少许干生粉调匀待用。

2. 鸽蛋放进冷水锅内，用小火煮开，10 分钟后捞出，泡在冷水内去壳，每一只鸽蛋一切两片待用。

3. 面包修掉面包边，一片面包批成两片，修成两寸长、一寸二分宽的长方片，共要 12 片，摊在大圆盆内，将虾蓉分别挤在面包片上，抹平抹光，再将半只鸽蛋合在虾蓉中间，熟火腿切成指甲片，围在鸽蛋四周待用。

4. 开水锅内放少许盐和油，下西兰花焯水后捞出，沥干水分，装在大圆盆中间。

5. 锅洗净烧热，下面包片油煎至金黄色，倒出在吸纸上，再逐块围在西兰花周边即成，跟上花椒盐、茄汁一同上席。

【特点】

色泽美观，外酥内嫩，鲜香味美，营养丰富。

【提示】

煎时最好用平底锅，如无平底锅，每煎一次只煎5—6块，因家中锅小，不能多放锅内煎，用中火煎。上笼蒸时原料上用保鲜纸封好。

## 阿奶吃毛蟹

　　这是一道正宗的农家菜，说起这道菜，还有一个故事。相传浦东川沙一家农户，祖孙三代，阿奶、爷爷在家做做家务、烧烧饭，儿子、儿媳忙种田，孙子上学读书。有一天孙子放学回家，见母亲拎了一只小铁桶，里面有几只毛蟹和几条黄鳝，都是活的，母亲叫儿子将它们带回家叫阿奶烧。阿奶说：我老了，牙齿都掉了，怎么能吃蟹呢？儿媳说：我来烧。儿媳将毛蟹、黄鳝处理完，顺便到屋后小竹园挖了几根竹笋，见家里房梁上挂着过年没吃完的咸肉，切一块放一起烧了。没过多时，一碗香喷喷、鲜笃笃的菜就端上了桌，阿奶吃了开心地说：想不到我年老牙齿掉落，还能吃到蟹的鲜味。后来此菜由高级烹饪师、何派川菜传人李红改良带到酒家餐桌上，很受食客赞赏。

【原料】

河蟹（又称毛蟹）3—4 只（每只 50—60 克），新活黄鳝 250—300 克，肥瘦咸肉 150—200 克，鲜竹笋 200 克

【调料】

葱、姜各 30 克，熟油 60—80 克，盐、味精、胡椒粉、料酒各适量，鲜汤 1500—1800 克

【制法】

1. 毛蟹洗净，每只一切二片，挖掉蟹胃、蟹肠、蟹鳃待用；黄鳝开肚，去肠、去头、去尾，切成一寸长的段待用；猪咸肉洗净，切成三分厚的块；竹笋去壳，修去老根和边皮，切成一寸长、六分宽的块。

2. 炒锅洗净上火，放清水800先，将咸肉块、黄鳝段、竹笋一起下锅汆水，捞出冲洗干净。

3. 炒锅洗净，上火烧热，放50克油烧热，将葱姜下油锅煸炒出香味，再将毛蟹倒入锅内煸炒，然后将黄鳝、竹笋、咸肉一起下锅煸，再加油30克，炒透后加料酒30克和鲜汤烧开，用中火焖烧15分钟左右，去掉葱姜，用旺火熬2—3分钟，加准调料，尝好口味，见汤浓白时装在大汤碗内，即可上席品尝。

【特点】

汤面浮有一层淡黄色的蟹黄油，味香鲜醇浓厚，极鲜美。黄鳝滑嫩，咸肉、竹笋有嚼头。

【提示】

黄鳝、河蟹一定要洗干净。家中若无鲜汤，可用冷水代替；若无鲜笋，扁尖笋也可。死黄鳝、死蟹、死牛蛙、死鲜鲍、死甲鱼等绝对不能食用。

# 八味鲳鱼

　　鲳鱼肉厚白嫩，刺少而软，是常见烹饪原料，多用于清蒸、干烧、干煎、糖醋、红烧，也可制作成熏鱼食用。

【原料】
新鲜鲳鱼或冰鲜鲳鱼1000克（一般家中选购每条100克左右即可）

【调料】
清油500—700克，料酒150克，生抽200克，白糖150克，米醋150克，小香葱50克，姜50克，桂皮、八角、草果等共50克，五香粉少许，精盐适量

【制法】
1. 将鲳鱼刮鳞开肚，取出内脏和鱼鳃等，冲洗干净，沥干水分，每条直批成三爿，装在盆内。葱洗净，切成半寸长的段；姜去皮，切成小薄片。鱼盆内加料酒100克、生抽150克、各种香料50克，放入葱段和姜片一起拌和，腌渍70—80分钟捞出，将香料和葱姜等留在鱼汁内，将鱼摊开吹干。

2. 将鱼汁倒在炒锅内烧开，加白糖150克、生抽50克、料酒50克烧开，加米醋150克调糊，品尝一下卤汁，甜、酸、咸、鲜是否互不相压，如果咸味不够，可加少许盐，用小火烧开，加五香粉适量待用。

3. 炒锅上火烧热，放清油500—700克，烧至六七成热时，将鲳鱼逐片下油锅内炸，要用旺火炸，家中火小，油锅又小，

一般每次三四片，炸1—2分钟捞出，再将油锅烧至七成热，将炸过的鲳鱼片再下锅复炸一次，炸至鱼片呈深黄色、浮在油面上时捞出，放进烧好的卤汁内腌渍1分钟捞出。

4.重复上述步骤，直至鲳鱼片全部炸完为止，可装盆上席品尝。

【特点】

色泽深棕，甜酸咸鲜，外酥内嫩，香味扑鼻，味浓醇厚，热吃冷食均可。这是上海何派川菜做法，由上海熏鱼改良而来。何派川菜中另有一款熏鱼，不用糖醋腌制，开始的制作步骤与此相同，就是炸好后撒上一些鲜辣粉就装盆上席。这是川菜的做法，特点是咸鲜酥嫩，带点辣味。

【提示】

甜酸咸鲜，各种滋味要互不相压。用剩的鱼汁下次可再用。

此菜品由何派川菜第四代传人、高级烹调师陈吉清制作。

# 百合凤尾虾

　　此菜适合夏天滋阴润肺。中老年人都知道，百合与莲子是制作甜品的最佳拍档，夏天食冷，冬天食热，可当点心饮品。而今以新鲜独特的烹饪方法，推出百合配虾仁等菜肴，令买汰烧新手也做得来。

【原料】

新鲜百合 200 克，新鲜草菇 100 克，新鲜河虾 500 克，青、红辣椒各 1 只（共 50 克），鸡蛋清 1 只

【调料】

植物油 300 克（耗 50 克），麻油 15 克，精盐、鲜粉、胡椒粉、干生粉、湿淀粉各适量

【制法】

1. 将新鲜百合剥成瓣，洗净待用；草菇去根洗净，放进开水锅内汆一下，捞出冲冷，一开两只；新鲜河虾去虾头和身上的壳，留尾部一小段壳，洗净沥干水分；青、红椒去籽洗净，切成半寸大小的片。

2. 小碗一只，配好炒百合虾仁的调料；炒锅上火烧热，放清水烧开，将百合放进开水内汆一下，快速捞出，沥干水分；再将草菇和辣椒也汆一下，捞出沥干水分。

3. 将锅洗净，上火烧热，放油滑锅，油倒入盆内，锅再烧热，放油 300 克，烧至四五成热时，将虾仁下油锅内划散烧熟，倒入漏勺内；锅内留 30 克油上火烧热，将辣椒和草菇下锅偏

炒两下，再将百合下锅内炒几下，将碗内的调卤倒入锅内烧开，将虾仁放入勾芡汁，这时要用旺火，见锅内原料和芡汁紧裹在食材上，淋上15克麻油，即可装盆上席。

【特点】

青、红、白三色，色泽清爽，口感脆嫩，味道鲜美，富有营养。

【提示】

百合性凉润，风寒咳嗽及脾虚者不宜多食。购百合，要选瓣大而厚、色洁白为好。百合最好在炒之前剥好泡在清水内，防止其变黑。

此菜品由高级烹调师吴蕴芬制作。

# 水晶鱼翅

【原料】

水发人造鱼翅 300 克，熟鸡丝 150 克，熟火腿丝 50 克，清
鸡汤 200 克，草鸡 500 克

【调料】

葱姜 20 克，料酒 20 克，精盐、鲜粉、胡椒粉各适量

【制法】

1.草鸡洗净，斩成大块，鸡爪修去指甲，一同放进开水锅内
煮 2—3 分钟，捞出放进冷水盆内冲洗 2—3 次；葱姜洗净，
姜去皮切片。

2.将草鸡和鸡爪捞出放进蒸碗内，加料酒、葱姜、150 克开水，
用保鲜纸封好碗口，上笼用旺汽蒸 2 小时。取出将鸡汤滗出，
加准调料，待用。

3.水发人造鱼翅放进开水锅内，加料酒、葱姜，煮 3—5 分钟，
捞出用冷水冲洗干净，沥干水分，放进草鸡和鸡脚碗内，加
少许料酒和鲜粉，用保鲜纸封好碗口，上笼用旺汽蒸 30—40
分钟，将鱼翅捡出待用，鸡肉和鸡脚另作处理。

4.选用 5—6 只小碟消好毒，每一只内分别逐层放入火腿丝、
人造鱼翅、鸡丝，再将蒸好的清鸡汤分别淋在鸡丝上面。自
然凝固后，用保鲜纸封好碗口，放进冰箱内冷藏，待上席时
取出，反扣在盆内即可。

【特点】

晶莹剔透，鲜美凉润。

【提示】

这是高档凉菜，注意食品卫生。

此菜品由何派川菜传人、中国烹饪大师杨隽制作。

## 清蒸河海鲜鱼

　　人们喜欢吃鱼，我们上海人最爱吃清蒸鱼，因为清蒸鱼制作简单方便，鱼肉滑嫩鲜美，营养损失又少。但是真正要蒸好一条鲜鱼，并不简单。

【原料】
活鱼1条（不论河鱼或海鱼，300—750克一条为佳）
【调料】
葱、姜、红辣椒、油、生抽、蒸鱼豉油、盐适量，香菜3—5根

【制法】
1.鱼洗净装盆，如鱼太大，可在鱼背划开一道一寸半至两寸长的口子。盆内放三四根葱，塞在鱼底。若鱼身颇厚，可划开一边，使蒸汽更易进入鱼身，用两根筷子架着鱼底。鱼身上放3片姜、20克生油、少许盐，准备就绪。
2.锅内水烧开后，放入鱼盆，用旺火蒸10—12分钟。如鱼较大，蒸好后不要马上取出，再焖一二分钟，以蒸汽焖熟鱼肉。见鱼眼突出成一个球状，表示已蒸熟（或用筷子插入鱼背肉最厚的位置，如能轻轻插入，也表示已完全蒸好）。
3.将蒸好的鱼取出，去掉姜片及葱，倒在另一只盆内；切好的细葱、细姜丝、细辣椒丝、香菜等都放在鱼背上，浇上25克热油，再淋上100克蒸鱼豉油，即可上席。

【特点】
香味四溢，清鲜滑嫩爽口。

## 【自制蒸鱼豉汁】

购买的蒸鱼豉油太咸，并不鲜香，家中自制蒸鱼卤汁（总称豉汁）也不难，方法如下：

**原料：** 香菜70—80克，白萝卜、胡萝卜各150克，黄豆芽250克，新鲜冬笋老头或竹笋200克，大葱100克，白胡椒粒10粒

**调料：** 生抽150—200克，美极鲜15克，鱼露15克，白糖15克，精盐适量

**制法：** 将所有原料洗净，萝卜、笋头切成厚片，放进冷水桶内，加清水2000—2500克，用旺火烧开10分钟，盖上盖，用小火炖2小时，待水烧至1500克时，将料渣捞出不用，成素汤，滗在另一桶内，加各种调料，用小火炖开，尝好口味，要色泽淡红，鲜味突出，清淡咸鲜，带点甜味。待冷却后倒在饮料瓶内，放进冰箱冷藏。用时取出烧开（一条鱼约需150克豉汁），浇在蒸好的鱼上，再淋上20克热油，即可上席品尝。

**提示：** 可用于白灼鱼片、蛤蜊、蛏子，以及素菜中的芦笋等菜肴中，特别在夏天用途很广，但滋味一定要自己掌握好，用在素菜上味道要重一点，活鱼活虾活蟹等味要轻一点。不论荤菜素菜，一定要放葱、姜、香菜等丝后再浇热豉汁和热油。

# 清蒸脐门

　　清蒸脐门是正宗淮扬菜系中的一道传世名菜，选用的是150 克以上的大黄鳝的脐门段。黄鳝肚下一段称脐门，是黄鳝身上最肥嫩的一段肉，用来清蒸最适合。

【原料】
黄鳝脐门 10—12 段，独蒜 10—12 颗，火腿 20 克
【调料】
清油 20 克，料酒 50 克，白胡椒粉、精盐、鲜粉、葱姜等各适量

【制法】
1.脐门斩成一寸半长的段，洗净，抽调肚肠，放进开水中烫一下捞出，再放进冷水盆内冲洗干净，捞出沥干水分，装在深汤盆内。
2.将蒜头排在脐门边，火腿切片，放在脐门上面，加准调料。用保鲜纸封好盆口，上笼用旺汽蒸 15—18 分钟，取出去掉葱姜，即可上席品尝。

【特点】

香味浓郁，肥嫩滑爽，味道鲜美，骨头不带肉，蒜头软糯，
汤汁醇厚。

【提示】

黄鳝洗干净，开水烫后，要用冷水冲洗净黏液。上笼蒸时要
掌握好时间。这道菜要贵宾等菜，趁热食用。

此菜品由川扬帮高级烹调师叶晓敏制作。

## 紫龙脱袍

此菜选用大黄鳝，活杀去骨去皮，洗净后批成蝴蝶片形状，配上青红椒和黑木耳烹制而成。黄鳝俗称地龙，黄鳝去皮应用就是脱龙袍。

【原料】

大黄鳝500—600克（约2条），青椒1只，泡红辣椒1只，黑木耳5—6朵

【调料】

葱30克，姜5克，蒜子8克，胡椒粉、精盐、鲜粉、干生粉、湿淀粉、料酒、米醋等各适量，植物油300克（耗60—80克）

【制法】

1. 活大黄鳝宰杀，去掉龙骨，从头部起去掉鳝皮，用清水洗净，批成蝴蝶片形状，放进冷水内泡约半小时；青红椒洗净，切成八分长、五分宽的片；木耳泡发洗净，葱切成葱段，姜、蒜头切指甲片。

2. 将泡在水内的鳝片捞出，沥干水分，装入碗内，放少许盐拌匀，加干生粉拍粉。用小碗一只配上盐、鲜粉、料酒、醋、湿淀粉、胡椒粉、清水各适量调成卤汁。

3. 炒锅洗净，上火烧热，放油烧热倒出，锅再烧热，放油300克，烧至七八成热时，将拍好粉的鳝片下油锅内爆，用勺推划散开，约半分钟后捞出，锅内留油20克，其余的油倒入油桶内，将青椒放进锅内煸炒2—3下，再将鳝片下锅，加小碗内卤汁

一起推炒，起锅装盆即成。

【特点】

色泽青、红、黑、白，美观悦目，口感脆嫩爽口，咸鲜味香浓郁，
亮油不吐汁。

【提示】

宰杀黄鳝，开肚去骨时从头部朝尾部将龙骨去除，去皮时也
是从头部到尾部。鳝片下油锅内爆时，火要旺，油温要热。
下调料时火也要旺，否则卤汁包不上。

# 干煸鳝背

【原料】

活大黄鳝 500—600 克（约 2—3 条），中芹 50—60 克，青蒜苗少许

【调料】

植物油 100 克，生抽 20 克，郫县豆瓣辣酱 25 克，酒酿汁 20 克，料酒、鲜粉、糖、醋、盐、麻油、花椒粉、红油各适量，姜丝 10 克，蒜末 8—10 克

【制法】

1.选大黄鳝宰杀后，从背部用小刀从头划到尾部，批去龙骨，去头去尾、去内脏后，用抹布擦净血和黏液等。随后将鳝鱼切成一寸半长的块，装入碗内，用生抽浸渍待用。中芹洗净去芹叶，切一寸长的段；姜去皮切成中丝；蒜头拍碎斩成末。

2.锅上火烧热，放油滑锅，将油倒出，再将锅烧热放油，烧到七八成旺时，将鳝鱼下油锅内炸 1 分钟，倒在漏勺内，将锅洗净，将中芹煸两下倒出待用。

3.锅烧热，放 50 克油烧热，再将鳝鱼下锅不断煸炒 3—4 分钟，见鳝肉酥脆，装在盆内。

4.锅洗净烧热，放 25 克油，将豆瓣辣酱下锅煸炒。将鳝鱼下锅，放料酒、酱油、糖、鲜粉、盐、蒜末煸炒两下，放中芹，用旺火翻炒，淋上麻油、红油、醋、姜丝、花椒粉，推翻两下，即可装盆。

【特点】

干香、轻麻、微辣，鳝鱼脆酥，鲜美可口，下酒下饭均可。此菜采用半炸半煸的烹调技法，属何派川菜板块。

【提示】

在制作中，用抹布吸干鳝鱼身上水分。先用七八成热油旺火炸一下，去鳝鱼身上水分，随后锅烧热，再放50克油烧热煸鳝鱼。煸鳝鱼时要不断地煸炒均匀。要使鳝鱼脆酥鲜香，掌握火候是关键。特别是在煸鳝背时，绝不能煸焦。

## 炒软兜

"炒软兜"是用黄鳝背制作的，乃淮扬地方名菜。食用时筷子将鳝鱼夹起，由于鳝鱼肉软嫩，必须另用汤匙兜住方能品尝。用筷子夹起时鳝鱼两端下垂，有如小儿胸前兜带，故称它"软兜"。据传在新中国成立的开国大典国宴上，也用上了这道菜。

【原料】

活黄鳝1000克（约20—25条，最好大小均匀一点，加工成鳝丝，取鳝背肉烹饪）

【调料】

植物油50克，蒜蓉6克，葱末6克，姜末5克，鲜粉、胡椒粉、糖、湿淀粉各适量，麻油10克，香醋10克，生抽、老抽各10—13克，料酒20克

【制法】

1.将鳝背肉切成两寸长的条，用一只小碗将调料配制在内，加15克鲜汤，如无汤，可用清水代替。

2.锅洗净，加清水700—800克烧开，再加一点料酒，将切好的鳝背肉下开水锅内汆到半开，倒入漏勺内。

3.锅洗净，上火烧热，用油滑锅倒出，锅上火烧热，放油30—40克，下葱、蒜、姜末煸炒出香味，将烫好的鳝背肉倒入锅内，倒入小碗内的调料卤汁，用旺火快速推炒，见卤汁全部紧包在鳝肉上，淋上麻油，即可装盆。

【特点】

此菜卤汁紧包在鳝肉上，乌光熠熠，鲜嫩滑软，蒜香味浓郁，吃完之后盆内不见一丝芡汁。

【提示】

死黄鳝是不可食用的，购买黄鳝时大小要均匀。此菜用鳝背肉，鳝肚肉也可炸脆鳝、炒鳝丝等。如要方便，可到菜场购买划好的鳝丝，但质量不一样。家中将活黄鳝加工处理成鳝丝，方法如下：锅上火，放清水2000—2500克，加盐100克，米醋100克，葱、姜各10克。将锅内水烧开，一手拿锅盖，一手拿活黄鳝倒入开水锅内，盖上锅盖，防止鳝鱼窜出锅外，顺便用铁勺将锅内鳝鱼推淘两下。见黄鳝嘴巴张开，快速将黄鳝捞出，放进冷水盆内，漂洗净黄鳝身上的白黏液后捞出。将黄鳝腹部朝自己，横放在案板上，一手捏住鱼头，一手用竹片（竹片一头要削得薄一点）紧靠鳝鱼下巴处插入，沿脊背直划至尾，去掉内脏，洗净沥干另用（此为鳝肚肉）。再沿脊背两侧划下成整条鳝肉（此为鳝背肉），是最好的，可烹制"炒软兜""炒虎尾""炒鳝背"等。

# 上海脆鳝

鳝鱼肉质细嫩，营养丰富，味道鲜美，上海人在农历六七月份黄鳝上市时，购买尝鲜者甚多。

【原料】
活黄鳝 1000 克（约 20—25 条，最好大小均匀）

【调料】
植物油 400 克（耗 100 克），葱姜末各 5—6 克，姜丝 4—5 克，生抽 15—20 克，白糖 60—70 克，料酒 30 克，米醋 30 克，干生粉约 100 克，精盐、麻油各适量

【制法】
1. 首先将黄鳝加工处理成鳝丝，具体方法见本书炒软兜。
2. 将鳝丝约 200 克切成两寸半到三寸长的鳝条，取鳝肚装入碗内，放少许精盐，拍上干生粉。
3. 锅洗净，上火烧热，放油烧至七八成热时，将拍匀生粉的鳝丝下油锅内炸，一边用铁勺将鳝丝拨散开，炸 2—3 分钟后，将鳝丝捞出，锅内残渣捞净。油锅再旺火烧至七八成热时，将炸过的鳝丝复炸约 3 分钟，这时火不要太旺，用中火炸至鳝丝松脆为止，捞出。
4. 将油锅内油倒出，锅洗净后上火烧热，放 20 克油，放葱姜末煸出香味，放料酒、生抽、白糖烧成卤汁，放一点米醋，再将炸好的鳝丝放进锅内，翻炒两下，待卤汁全紧裹在鳝丝上，淋上麻油装盆即成，撒上淡黄色细姜丝上席。

【特点】

此菜呈酱红色，上放细嫩的姜丝，色泽协调。鳝肉松脆酥香，甜中带咸鲜，微酸，味美可口。

【提示】

此菜一定要用鳝肚炸。多余的鳝背，可做炒鳝背、炝虎尾、炒软兜等菜肴。家里烹制此菜，开油锅一定要注意安全。

此菜品由何派川菜第四代传人、高级烹调师王志远制作。

# 香糟鳝方

【原料】

活大黄鳝 500 克（约 3 条），酸甜藠头 50 克（约 10—13 粒）

【调料】

植物油 500 克（耗 75—80 克），香糟卤汁 200—250 克，花雕酒 100 克，鲜粉、葱姜、精盐各适量，生花椒粒 20—25 粒

【制法】

1. 活大黄鳝宰杀后，剖腹去内脏，洗净血水，脊背朝下，放在案板上，用小刀沿着脊骨从颈部划至尾部，使骨肉分离，然后斩断颈骨，抓住鱼头，平批去骨，再斩掉鱼头，切成一寸半长块，洗净，用洁布吸去水分。

2. 炒锅上火烧热，放油滑锅，再将锅烧热放油，火要旺，烧至七八成热，将鳝块下油锅内炸。家里火小，可先放 6—7 块鳝块炸，炸约 1 分钟，将火关掉，约 2 分钟后将鳝块捞出（待用）；将火开旺，将油锅烧至七八成热，另有 7—8 块未炸过的鳝块也下油锅炸，方法同上。

3. 待鳝块全部炸过后，再将油锅烧热，油温至七八成热时，将炸过的鳝块全部下油锅炸，铁勺推翻油锅内鳝块，见鳝块炸得浮起，并有点呈浅黄色，看上去很硬，离火将鳝块捞出。

4. 锅内油倒出，锅洗净，放 500 克清水烧开，将炸过的鳝块在开水锅内泡 15—20 分钟（不要烧），捞出沥干水分待用。

5. 将香糟卤汁倒在盆内，加鲜粉、花椒粒。葱姜洗净，葱切段，姜切指甲片，放进糟卤内，加 100 克花雕酒，将鳝块放进糟

卤内浸泡，封好盆口，2—3小时后可取出装盆。鳝块四周围上酸甜藠头，即可上席。

【特点】
鳝鱼鲜香，酥软爽口，藠头脆嫩酸甜，别有风味。

【提示】
炸鳝块时先要旺火炸1分钟，再关火温2—3分钟，复炸时油温也要旺。炸到鳝鱼内外同时酥软才达菜肴最佳目的。多余的糟卤可放冰箱内，下次再糟其他食材，但必须烧开加料。如毛豆节煮熟捞出，待冷却后放进糟卤内浸泡1—2小时可食用。嫩草鸡煮熟冷却后，在糟卤内浸泡2小时可捞出斩块装盆，并淋点糟卤汁。鸡脚、猪脚、茭白等切成小手指粗细的条，再批开，根要连刀，煮熟冷却后放糟卤内浸泡1—2小时即装盆。糟的食材必须当天食用完。糟卤第三次就不能食用了。夏天吃糟货更要注意卫生，防止食物中毒，最好在4—6小时内吃完。此种糟法属何派川菜板块。

## 黄鳝和全黄鳝宴

农历四月后至端午前后，鳝鱼上市，购买尝鲜者甚多。鳝鱼肉质细嫩，营养丰富，味美可口，为人们所喜欢。不仅如此，它还以其特殊的药用价值为人们所关注。鳝鱼亦称黄鳝，广东人叫长鱼。

听上几代恩师说，苏北两淮地区多称黄鳝为长鱼，光长鱼就可烹制 100 多个菜肴和全长鱼宴席，他们制作的长鱼菜肴以嫩为特点，如炒软兜、炝虎尾、大烧马鞍桥等菜品尤为突出，食后令人难以忘怀，深为南北食客所称道。两淮的传统长鱼席有八大碗、八小碗十六碟，四点心分四度进席。长鱼席的烹制讲究火候，选料严格，加工精细，成菜后味美滑嫩。

黄鳝一般 6 至 8 月为产卵期，上海人有"小暑黄鳝赛人参"之说。所以说端午前后吃黄鳝是最佳时节。

黄鳝分布广，除大西北、西南之外，全国各地均有，是我国最普通的淡水食用鱼类之一。现在市场上常见的黄鳝有两种，带黄者俗名黄鳝，带青者俗名藤鳝。除此以外，还有白鳝，白鳝粗大、色白，表皮有绒毛，但不常见。

鳝鱼具有性转化的特色。即在性成熟之前为雌性，产卵后变为雄性。据食物营养分析，每 100 克鳝鱼含水分 80 克、蛋白质 18.8 克、脂肪 0.9 克，还含灰分钙、磷、铁等。作为一种烹饪原料的鳝鱼在我国南北各方均为名菜之一，作法虽各有千秋，但都有独到之处，有无锡的脆鳝面，南京的炖生敲，四川的干煸鳝背，扬州的脆鳝煮干丝、炝虎尾等名菜。

鳝鱼的食用方法繁多。可制作冷菜、热炒、整菜、甜菜、点心的馅料，在刀法上有丁、条、丝、片、块、段、粒、米等。

笔者在50多年前曾多次到扬州、淮安等地学习工作，吸取了两淮地区制作长鱼菜肴的经验，结合川扬两帮的烹调技法和各种调味的味型，烹制了近百个鳝鱼菜品和全黄鳝宴席。

每一道鳝鱼菜肴烹制后有活嫩、软嫩、松嫩、酥嫩之分，在味型上有酸辣味、麻辣味、腴香味、家常味、咸鲜味、蒜香味、酥香味、荔枝味、糖醋味、糟香味、咖喱味等，并用炸、熘、爆、炒、烧、氽、炖、烩、焖、蒸、叉烧等不同烹调技法制作各种不同的鳝鱼菜品。下面简单介绍有代表性的鳝鱼菜肴和全黄鳝菜单。

## 鳝鱼菜肴

香糟酥鳝、五香脆鳝，琥珀鳝片、椒麻鳝方、怪味鳝鱼、陈皮鳝背、蒜蓉鳝卷、紫龙脱袍、荔枝鳝鱼、干煸鳝背、鞭打龙袍、麻辣鳝条、宫保鳝丁、松仁鳝粒、五柳鳝丝、八珍鳝鱼、锅贴鳝方、热炝虎尾、水炒软兜、鳝鱼双脆、鳝鱼虾仁、腴香鳝丝、叉烧鳝方、龙卷风暴、雪中送炭、双龙出海、家常生敲、煸尾原汤、生爆蝴蝶片、粉蒸鳝片、龙抱凤蛋、游龙绣金钱、抽梁换柱、清蒸脐门、炖生敲、黄精鳝鱼、柴把鳝鱼、贵妃鳝鱼、抓炒鳝鱼、芹黄鳝丝、椒盐酥鳝、茄汁鳝鱼、香菜鳝丝、脆鳝煮干丝、金龙摆尾、鳝鱼钟水饺、鳝鱼春卷、鳝鱼锅饼等

全黄鳝宴席

冷盆：香糟鳝方、琥珀酥鳝、椒麻鳝鱼、香菜鳝丝、茄汁鳝鱼、怪味鳝鱼

热炒：紫龙脱袍、水汆软兜、干煸鳝背、叉烧鳝方

二汤一道：煸尾原汤

整菜：抽梁换柱、龙抱凤蛋、游龙绣金钱、清蒸脐门、炖生敲

汤菜：柴把鳝鱼

美点：鳝鱼春卷、金龙摆尾、鳝鱼钟水饺

送上一品生果。

何派川扬菜黄鳝宴应市，可配上经典何派川菜，具体菜单可参考本书《刀鱼和全刀鱼宴》。

## 全黄鳝宴席菜单

| 类别 | 菜品 | 口味 | 色泽 | 烹调技法 | 主要用料 | 特点 |
|---|---|---|---|---|---|---|
| 冷菜 | 香糟鳝方 | 咸鲜 | 铁灰 | 炸、泡 | 鲜活鳝鱼 | 酥软，鲜香味美 |
| 冷菜 | 琥珀酥鳝 | 小鱼香味 | 金黄 | 炸、烹 | 鲜活鳝鱼 | 外脆内酥味香鲜美 |
| 冷菜 | 椒麻鳝鱼 | 辛辣味 | 浅灰 | 氽、拌 | 鲜活鳝鱼 | 鲜嫩味美辛辣味 |
| 冷菜 | 香菜鳝丝 | 咸鲜 | 青黑 | 氽、拌 | 鲜活鳝鱼香菜梗 | 脆嫩爽口 |
| 冷菜 | 茄汁鳝鱼 | 甜咸 | 茄红 | 炸、烹 | 鲜活鳝鱼 | 酥嫩甜咸，味美 |
| 冷菜 | 怪味鳝鱼 | 麻辣咸甜酸 | 金红 | 炸、拌 | 鲜活鳝鱼腰果 | 麻辣酥香味鲜美 |
| 热炒 | 紫龙脱袍 | 咸鲜 | 米白 | 爆 | 鲜活鳝鱼 | 脆嫩滑爽 |
| 热炒 | 水氽软兜 | 咸鲜 | 黑色 | 氽、炒 | 鲜活鳝鱼 | 滑嫩软糯味鲜美 |
| 热炒 | 干煸鳝背 | 麻辣鲜香 | 浅黑 | 煸炒 | 鲜活鳝鱼青芹 | 麻辣酥香味鲜美 |
| 热炒 | 叉烧鳝方 | 酥香 | 金黄 | 炸 | 鲜活鳝鱼豆腐衣 | 外酥内嫩味香美 |
| 二汤 | 煸尾原汤 | 咸鲜 | 浅黄 | 煮 | 鲜活鳝鱼粉丝 | 肥嫩味美 |
| 整菜 | 抽梁换柱 | 咸鲜甜 | 金红 | 烧 | 鲜活鳝鱼猪肉 | 咸鲜甜味美肥嫩 |
| 整菜 | 龙抱凤蛋 | 咸鲜 | 花色 | 炸、炒蒸 | 鲜活鳝鱼鸡蛋 | 微辣咸甜 |
| 整菜 | 游龙绣金钱 | 咸鲜 | 花色 | 炒、蒸 | 鲜活鳝鱼虾仁 | 滑嫩鲜嫩味鲜美 |
| 整菜 | 清蒸脐门 | 咸鲜 | 本色 | 蒸 | 鲜活鳝鱼 | 肥嫩软糯味鲜美 |
| 整菜 | 炖生敲 | 咸鲜 | 浅黄 | 炸、蒸 | 鲜活鳝鱼猪肉 | 肥酥软嫩味浓郁鲜美 |
| 汤菜 | 柴把鳝鱼 | 咸鲜 | 花色 | 蒸 | 鲜活鳝鱼、火腿笋、香菇等 | 汤清味美 |
| 美点 | 鳝鱼春卷 | 咸鲜 | 金黄 | 炸 | 鳝鱼、笋韭黄 | 外脆内嫩 |
| 美点 | 鳝鱼钟水饺 | 咸鲜 | 米白 | 氽 | 鳝鱼、猪肉 | 咸鲜带辣 |
| 美点 | 金龙摆尾 | 咸鲜 | 浅黄 | 烩 | 鲜活鳝鱼面条 | 咸鲜酥软 |
| 生果 | 一品生果 | | | | | |

# 金钩冬瓜方

【原料】

金钩（开洋、虾干）15—20 克，冬瓜 500—600 克，火腿丝、香菇、小菜心等各适量

【调料】

高汤 300 克，料酒、精盐、鲜粉、胡椒粉等少许

【制法】

1. 将冬瓜修成一寸半长、一寸宽、三到四分厚的块。金钩用少许料酒泡发 10—15 分钟，用冷水冲洗后捞出待用。

2. 冬瓜中间挖一个三分深、五分圆的洞，将金钩头部塞在冬瓜洞内，放进深盘内，加高汤 200 克，加准调料，用保鲜纸封好口，上笼用旺汽蒸 15—20 分钟，蒸至酥软取出，小心地装在长腰盆内。

3. 炒锅洗净上火，放 300 克高汤，小菜心等放进汤内烧开，加准调料，将汤浇在冬瓜方上面，即可上席品尝。

【特点】

冬瓜酥而不烂，软而不瘫，味道鲜美。

【提示】

此菜原料简单，制作不难，但规格很高，一定要有高汤，用
开洋或火腿、干贝，当然有精咸肉也可。这就是有味者吐味
给无味者，使无味的食材变成有味的佳肴。若家中无高汤，
可多放一点鲜粉。

# 蒜子瑶柱

【原料】

干制品瑶柱 150 克，生独蒜 80—100 克，鸡胸肉 50 克，熟火腿 30 克，鸡蛋清 2 只

【调料】

清油 100 克（耗 50 克），料酒、葱姜、鲜粉、精盐、湿淀粉各适量

【制法】

1. 将干制品瑶柱在冷水内浸泡 3—5 分钟，捞出剥去边上一小片老根，排在碗内，放葱姜、料酒等各适量，放清水 50 克，上笼蒸 20 分钟待用。

2. 独蒜剥去外衣，两头修平，洗净。炒锅上火烧热，放油 100 克，烧至五六成热时，将蒜子下油锅内拉油，炸至呈淡黄色时捞出，放进干贝内，用保鲜纸封好碗口，上笼用旺汽蒸 15 分钟取出，去除保鲜纸，反扣在盆内。

3. 蒸干贝的汤汁下锅烧开，加准调料，淋上少许湿淀粉勾薄芡，浇在干贝和蒜子上面，再将鸡胸肉、火腿等小食围在蒜子外圈，即可上席品尝。

【特点】

色泽淡黄，鲜香味美，营养丰富，有滋阴补肾功效。

【提示】

这是一款高档菜品，要贵宾等菜。围边小食可自由设计，但要可食用，不只为造型。瑶柱蒜子要保持颗粒完整。瑶柱是有咸味的，注意成菜味道不要太咸。

此菜品由何派川菜第四代传人、高级烹调师李红制作。

# 馅子茄鱼

茄子分长茄、矮茄、圆茄三类,皮色有紫色、绿色、淡紫色、黑紫色、黄色之别。这道菜选用的是长茄。此菜是何派川菜,属家常味型,注意不是一般的家常风味,而是川菜中的家常味型(家常味)。

【原料】

长条茄子 500 克,肥瘦猪肉 100—150 克

【调料】

植物油 100 克,鲜汤 200—250 克,郫县豆瓣辣酱 15 克,泡红辣椒 1 只(约 5—6 克),糖、盐、酒、香醋、鲜粉、湿淀粉各适量,葱、姜、蒜各 5—6 克,生抽 20 克

【制法】

1. 茄子洗净,切去两头,切成二寸半长的段,再一剖二爿,将茄子皮面改成小棋子块形状待用。猪肉切成肉末,葱姜蒜、泡红辣椒都切成末。

2. 锅上火烧热,放油滑锅,将油倒出,再将锅烧热,放 50 克油烧热,将切好的茄子放油锅内煎,两面都要煎成黄色,倒出。

3. 锅上火烧热,将肉末煸炒,炒干肉末后放姜蒜,同肉末一起炒,再放泡红辣椒末和豆瓣辣酱略炒几下,放酒,加鲜汤、盐,将煎好的茄子下锅,茄子皮朝上,盖上盖烧 6—8 分钟,加糖、鲜粉收汁,用水生粉勾一点芡,加入葱末、香醋、麻油,起锅装盆。

【特点】

色呈紫红，咸、鲜、辣、香，带甜酸，茄子软糯，味浓郁，细品如鱼鲜味。

【提示】

购茄子时要选鲜嫩粗壮一点的，最好直一点。茄子因象征一条鱼，油煎时要像红烧鱼一样煎成两面黄。若无鲜汤，可用清水代替，烧开后用小火焖四五分钟，再用旺火收汤汁，使汤汁吸收到茄子内，使普通的原料烹制出较好的品质。

# 姜汁黄瓜

黄瓜原名胡瓜，生食熟食均可。《本草求真》说："黄瓜气味甘寒，服此能清热利水。"黄瓜含糖类和甙类，并有多种游离氨基酸，维生素 A、$B_2$ 和 C 以及钙、磷、铁等矿物质，清热止渴，利尿解毒，但脾胃虚寒脘痛等不宜食用，便溏咳喘发作及产后不宜多食。姜味辛性温，长于发散风寒、化痰止咳，又能温中止呕、解毒，刺激胃液分泌，兴奋胆管，促进消化等。平时适量食点姜无害，但秋天不食姜，晚上不要多食姜。

【原料】
嫩黄瓜 500 克，老姜 60—70 克
【调料】
盐 5 克，白糖适量，味精 5 克，麻油 10 克

【制法】
1.黄瓜洗净，清水过一下，再用冷开水洗一下。将黄瓜去二头，顺长一剖四片，修去瓜瓤，斜切成八分宽的梳子块形，放在盆内，撒上少许盐拌和，待腌熟软后捞起，用冷开水洗去咸味，捞出挤干水分，盛在盆内待用。
2.老姜刮去皮洗净，切成片放入碗内，加适量的冷开水，用木棍捣烂挤出姜汁。加白糖、盐、味精适量，调和后浇入黄瓜，淋上麻油，食用时装盆上席。

【特点】

碧绿爽口，脆嫩鲜香，辛辣中带甜味。属何派川菜板块。


【提示】

选购黄瓜时要挑笔直、粗细均匀，并鲜嫩一点的。黄瓜内籽要刮尽，切块大小厚薄要均匀，腌渍时盐不要放太多，一定要用冷开水腌泡掉咸味，随后再加准调料拌匀。用竹笋、刀豆等浸姜汁亦可，但这些食材要煮熟后放冷开水内泡冷。用莴笋也可，姜汁制作相同。冷菜和生吃一定要清洗后再用。

## 滚龙丝瓜

　　丝瓜始自南方，故有"蛮瓜"之称。现在南北皆有种，早已成为日常生活中的烹饪原料。

【原料】

鲜嫩丝瓜 800—1000 克，干贝 10 克，鲜汤 250—300 克

【调料】

精盐、鲜粉、湿淀粉各适量，清油 600—700 克（耗 100 克），胡椒粉、料酒各少许

【制法】

1. 将丝瓜刮净外毛皮，保持青绿嫩皮，切去两头后洗清，锲成兰花刀形。干贝用清水洗一下，放 100 克清水，上笼蒸约半小时，取出捏成干贝丝，泡在干贝汤汁内。

2. 炒锅洗净，上火烧热，放清油，烧至五六成热时，将兰花刀形丝瓜下油锅内炸约 1 分钟，见丝瓜皮软呈绿色时捞出。

3. 锅内油倒出，放入鲜汤，将干贝连汤汁一起下锅烧开，放精盐、鲜粉、胡椒粉、料酒，上好口味后勾适量的芡，淋上几滴明油，浇在丝瓜上即可。

【特点】

丝瓜青绿色，软糯润口，清香味美。

【提示】

购丝瓜时尽量选择粗细均匀、长短整齐的，便于切成兰花形。切时刀要直，整条丝瓜先切上面1/3，翻过面再切1/3，每一刀深浅一定要均匀，不要一刀深一刀浅，否则会断掉。炸油时，家中油锅小，可放500克油，分两次炸。烧时要轻手，装时也要轻手。勾芡少一点，此菜是浓汁菜肴，要带点汁。如无干贝，可用开洋（虾米）、鸡片、虾仁等。

此菜品由何派川菜第四代传人、高级烹调师陈林荣制作。

秋天万物成熟，一片丰收气象。物候变化多端，人与天地相应，气血代谢波动也很大。

当季蔬菜

生梨、百合、淮山药、枸杞子、白莲藕、银杏、各类萝卜、蕹菜、小白菜、芦笋、南瓜、茼蒿、莲子、红菱、金针菜、刀豆、芥兰、木耳、各种菌菇和豆制品类、花生、核桃、香菜……

当季荤食

鲫鱼、鲍鱼、干贝、鲜贝、文蛤、明虾、草虾、海参、鸭子、海蜇皮、猪肉、牛肉、猪肝、猪腰、鸡肉、鸡蛋、草青鱼、阳澄湖大闸蟹、膏蟹、花蟹……

烹饪要诀

秋季菜肴要色彩丰富一点。炎热的夏天给人体带来不少损伤，初秋暑气未消，新寒时袭，忽冷忽热，气候干燥，不妨来一点温补润肺的食材，烹制出美味彩色的佳肴，吃得多样化一点，以增进体质。当然，烹制菜肴时，味不可过厚浓，注意合理搭配、平衡营养的原则。

# 水晶鸽蛋

　　水晶菜肴作为夏秋季节的凉菜，不但是下酒佳肴，也可上高档宴席。

【原料】
新鲜鸽蛋 10—12 只，小虾仁 60—70 克，青豌豆 150 克，鸡脚 200 克，熟火腿 50 克，豆腐衣 1 张，鸡蛋清 1 只

【调料】
精盐、鲜粉适量

【制法】
1.将鸽蛋放冷水锅内，用小火慢慢煮开，再用小火煮 10 分钟捞出，放进冷水内浸泡 10 分钟，小心地去掉蛋壳，不要弄破鸽蛋。小刀在鸽蛋黄中间划上小口，将蛋黄挑出，用清水轻轻洗掉蛋黄待用。

2.虾仁洗净，放点鲜粉、蛋清拌匀，放点干生粉上浆后，用刀斩成虾泥；熟火腿切成细末。鸡脚修掉鸡脚甲，下开水锅氽透后捞出冲洗。将鸡脚一斩二爿，放进蒸碗内，放葱姜、料酒、精盐、鲜粉、清水 150 克，用保鲜纸封好碗口，上笼蒸 2 小时。

3.豆腐衣一张用温水泡软，捞出摊平在案上，搋上一层虾泥，卷成烟卷粗细，上笼蒸熟待用。鸽蛋沥干水分，将火腿末放一点在鸽蛋内，再将虾泥塞进鸽蛋内，放在盆内。虾泥一面朝下，上笼蒸 3—5 分钟后取出。蒸熟的豆腐衣卷也取出待冷。鸡脚取出，将鸡脚汤倒出，加准调料，汤汁是咸鲜味的。

4.将豆腐衣卷切成半寸长，排在圆盆中间，将蒸好的鸽蛋围在豆腐衣四周，再将鸡脚汤汁浇在鸽蛋和豆腐衣卷上面，用保鲜纸封好盆口，放进冰箱内冷藏2小时即成，待宾客到齐取出上席。

【特点】

此冷菜较高档，色泽美观，晶莹透明，吃口滑嫩爽口，营养丰富。鸽蛋内无黄，有虾泥和火腿的鲜香味。

【提示】

制作过程中，注意食品安全卫生，各环节的用具要预先消毒好。

此菜品由高级烹调师俞雷制作。

# 水晶鸭方

【原料】

光鸭 1 只（约 1500 克），火腿 50 克，鸡脚 500 克

【调料】

香葱 4—5 根，姜 3 克，黄酒 50 克，盐、味精各适量，清水 300 克

【制法】

1. 光鸭洗净，去掉鸭肛门，从鸭背开刀，去掉内脏，冲洗净鸭内血污等，鸭胗、肝、心一起洗净另用。

2. 将鸭子入开水锅内汆水 2—3 分钟，捞出再冲洗净，连胗、肝、心一起放进蒸盆内，放葱、姜、酒，清水 150 克，精盐适量，上笼用旺火大汽蒸 1 个半小时，取出拣去葱、姜待冷。

3. 鸡脚、火腿洗净，下开水锅汆水，捞出冲洗，放在蒸盆内，放葱、姜、酒，清水 150 克，精盐适量，上笼用旺火大汽蒸 2 小时，取出拣去葱姜，捞出鸡脚、火腿另用，蒸鸡脚的汁上好咸鲜味道。

4. 取两只十二寸大小、稍深一点的圆盆，将蒸好冷却的火腿切小薄片，分别摊在两只圆盆内 ( 可以自由排色 )。蒸好的鸭子冷透后，拆下鸭肉，鸭胸肉、鸭腿肉不要拆破，最好是整块的，随后再切成一寸见方的块，鸭皮朝下排盆内火腿上面。把有皮的鸭肉全部排满盆内，碎鸭肉排在有皮鸭肉上面，摊平排齐，随后将蒸鸡脚的汤汁全部浇在两只鸭肉盆内，用保鲜纸封好，放进冰箱内。

5. 2—3 小时后即可取出，翻在另一只盆内上席食用。有火腿有鸭皮在上面，外形美观剔透，味道鲜美，是一道冷菜；多余的鸡脚、鸭头、鸭胗、肝、心成一小拼盆，用酱麻油蘸食；拆去肉的鸭架和蒸的鸭汤再放点冬瓜、木耳，加清水，可制成鸭架冬瓜木耳汤。

【特点】

一鸭三吃，鲜美滑嫩，是何派川菜名菜。鸭子营养丰富、清热利水，最适合夏秋季节食用。

此菜品由何派川菜第五代传人、高级烹调师王吉荦制作。

# 水晶芦笋

【原料】

鲜芦笋 200 克（选青嫩、如笔杆粗细的），干川竹荪 7—8 根（约 15 克），精制熟火腿 20 克，鸡脚 250 克

【调料】

料酒、盐、鲜粉、葱姜各适量

【制法】

1. 选用芦笋嫩尖约 5 厘米长，一批两片，每片切成两段，每段约一寸多一点长。开水锅内放一点盐，将切好的芦笋段放进锅内余 1 分钟，捞出放进冷开水内冷透，保持青绿色待用。

2. 川竹荪用冷水泡软，洗 2—3 次（要洗净），修去竹根老头，修掉竹伞，剪成一寸长的段，需要 12—16 段竹荪，注意长短大小要均匀，再泡在开水内待用。

3. 鸡脚修去指甲洗净，下开水锅内煮 2—3 分钟，捞出用冷水冲洗干净，放进蒸盆内，放料酒、盐、葱姜、清水 200 克，用保鲜膜封好盆口，上笼用旺火旺汽蒸 30—40 分钟，待鸡脚酥烂脱骨取出，将汤汁滗在另一只碗内，放调料上好口味待用。

4. 熟火腿切成一寸长的火柴丝（12—16 根），多余火腿切成细末待用。再将两根芦笋段（一根嫩芦笋尖，一根嫩中段）并在一起，加一根火腿穿在竹荪内，芦笋尖一头要露出竹荪，一头不要露，一盆需要 12—16 根，摊在盆内，再将鸡脚汤汁全部浇在芦笋上，要浸没芦笋为好！用保鲜膜包好待冷，放进冰箱冷藏，2—3 小时冻结后取出，一卷卷翻装圆盆，上面放点火腿末即成。

【特点】

色泽美观，晶莹剔透，脆嫩爽滑，清香鲜美。

【提示】

烫芦笋时开水锅内少放一点盐，捞出时放冷开水中，水要事先烧开冷却，不要放在生水中，注意卫生安全。

此菜品由何派川菜第五代传人、高级烹调师王吉荤制作。

# 将军戏菊

　　黑鱼，民间传说为龙宫大将，故有"将军"之称号；黑鱼皮厚力大，生命力强大，得称"生鱼"；因肤色黑，又称乌鱼；由于头上有七个白点，古人称之为七星鱼。黑鱼高蛋白、低脂肪，味甘性温，补脾利水。一般人家购黑鱼汆汤、红烧等。实际上黑鱼可制作很多高规格菜肴，如将军过桥、炒鱼丝、松仁鱼米、白灼鱼片、生鱼狮子头、将军戏菊等。

【原料】
新鲜活黑鱼 1 条（3 斤左右），鸭胗或鸡胗 4 只，蛋清 1 只
【调料】
葱、姜适量，料酒 50 克，熟油 300 克（耗 100 克），盐、味精、胡椒粉、干生粉、湿淀粉各适量

【制法】
1.将黑鱼刮去鱼鳞、鱼鳃开肚，去内脏洗净，去头去尾，从鱼背直批成二爿，去龙骨，鱼胸、鱼肚连骨带肉批下，只存两条一寸多宽的肉，刮成浅刀花后，切成一寸宽的带皮鱼块，放在碗内，加少许盐、鲜粉、料酒，轻轻拌匀，加鸡蛋清 1 只，用生粉上浆，放冰箱内冷藏待用。

2.鸭胗剥去老皮洗干净，切成菊花形，每一只鸭胗剖好后一切四，切成小朵花形；葱、姜分别切成段和片待用。碗里放入各种调料，配好卤汁。

3.炒锅洗干净，放清水 500 克烧开，将鸭胗放进水里，加酒

汆一下后快速捞出，放冷水中冲洗，沥干水分待用。

4.炒锅洗净烧热，放油 100 克，滑锅后将油倒出，锅内再加 300 克油，烧至五成热时，将黑鱼肉放进油锅内，用筷子划散，再将鸭胗也放入锅内，约半分钟后倒在漏勺内，锅内留 30 克熟油，将葱段、姜片放入，一起翻炒两下后将鱼肉、鸭胗放入，将小碗内的卤汁浇在鱼肉上轻轻推翻两下，见卤汁包住鱼肉，淋上 10 克熟油装盆，将鸭胗围在鱼肉周围，青笋放在鱼肉上，即可上席。

【特点】

造型美观，鱼肉滑嫩鲜美，鸭胗脆嫩香美。

【提示】

此菜讲究刀工和火候。鱼肉进油锅内不要开旺火，轻轻将鱼肉划散，不要弄碎。多余的头、尾放进开水锅内汆一下，捞出洗干净。炒锅内放 50 克油，放姜、葱炒出香味，将鱼头、鱼尾放入，用旺火炒约两分钟，加料酒、清水 1000 克左右，再用旺火烧开，加点白萝卜更好，成萝卜黑鱼汤，鱼汤鲜美，汤汁奶白。一鱼二吃，一点不浪费。

此菜品由何派川菜传人、中国烹饪大师杨隽和刀技沈立兵拼档制作。

# 酸辣鲈鱼

【原料】

鲜活鲈鱼 1 条（400—500 克）

【调料】

清油 400 克（耗 80—100 克），葱 30 克，姜 30 克，白胡椒粉约 3 克，米醋 30 克，生抽 50 克，鲜粉、糖、料酒、麻油少许

【制法】

1.将活鲈鱼宰杀洗净,在鱼背部从鱼头批开到鱼尾,去净内脏,再冲洗干净,去掉鱼的龙骨,鱼肉剖 2 片,剞花刀,用少许料酒、生抽腌渍 3—5 分钟。

2.葱姜洗净,姜去皮,切葱姜末,放进碗内,加米醋、白胡椒粉、鲜粉、糖、生抽等,配成酸辣味调料待用。

3.炒锅洗净,上火烧热,放清油烧热滑锅,将油倒在油盆内,锅再上火烧热,放油 300 克,烧至六七成热时,将鱼尾拎起,鱼头朝下放油锅内用旺火炸,并用勺子推动,不要使鱼粘锅。炸 2—3 分钟约半熟后,将鱼捞出。待油烧至七八成热时,将鱼放在漏勺内,一手用勺子将热油不断浇在鱼肉上,约半分钟后将鱼放进油锅,用旺火炸约 1 分钟即捞出,关火。

4.鱼装盆,将酸辣味调料浇在鱼肉上,再放少许葱姜丝,淋上少许热麻油,即可上席品尝。

【特点】

鱼肉外酥内嫩，色泽浅黄，咸鲜酸辣，香味浓郁，是辛辣味。

【提示】

家中锅小，可购300克左右一条的鲈鱼烹制，更为安全。

此菜品由高级烹调师费臻民老技师制作。

# 锦绣前程

【原料】

河虾仁 150 克，鸡蛋清 2 只，哈密瓜 500 克，西瓜 500 克，青瓜 200 克，熟火腿 50 克

【调料】

清油 40 克，鲜汤 20 克，精盐、鲜粉、干生粉各少许

【制法】

1. 新鲜河虾仁洗净，漂洗 2—3 次，捞出沥干水分，放少许盐、鲜粉拌匀，加鸡蛋清 1 只，拌成糊状，加少许干生粉上浆，再斩成虾泥，放入碗内，再加蛋清 1 只，用筷子搅糊，加 20 克清油拌匀，加少许干生粉拌上劲。

2. 炒锅上火，放冷水 500 克烧温，将虾蓉挤在水锅内，用中火烧开，捞出虾丸待用；各种瓜挖成球形，大小均匀，如 1 元硬币样；熟火腿切成丁。

3. 炒锅洗净，上火烧热，用油滑锅，锅再上火烧热，放入 20 克清油，加 20 克鲜汤烧开，加准调料，将虾丸下锅推炒 2—3 次，火腿丁下锅翻炒一下，盛起装盆，各种瓜球围在四周，即可上席。

【特点】

虾球滑嫩爽口，选用各种生果配菜，色泽美观。

【提示】

挖生果的工具要用开水烫过，最好上菜前再挖，保证新鲜卫生。

此菜品由何派川菜第四代传人、高级烹调师李红创新制作。

# 腴香茄饼

【原料】

新鲜茄子500—600克,鹌鹑蛋8只,猪瘦肉250克,咸吐司5大片,青菜叶100克,鸡蛋2只

【调料】

清油70—80克,料酒30克,葱姜蒜、泡红辣椒共40克,糖、米醋、生抽共30克,干生粉40—50克,精盐、鲜粉

【制法】

1. 茄子去皮,切成一寸半长、一寸宽、一分厚的片(20片);咸吐司修成直径一寸半、厚度一分的鸡心状(10—12片);鹌鹑蛋煮熟去壳,一批两片,蛋尖批开一点小缝,小缝内放上一小粒红樱桃;猪瘦肉斩成肉蓉,加少许料酒、盐、鲜粉、鸡蛋清1只拌匀,再加30克冷水搅上劲,放少许干生粉拌匀待用;青菜叶洗净,沥干水分,切成二粗丝。

2. 将吐司摊在一只大圆盘内,上面铺一层肉蓉,量不用太多,但要铺满吐司,再将鹌鹑蛋覆在肉蓉上,轻轻压好;将茄片摊在另一只大圆盆内,茄片上铺一层肉蓉,再覆盖上另一片茄片,轻轻压平。

3. 炒锅上火烧热,放少许油,将葱姜蒜、泡红辣椒切成细末,下炒锅内煸出香味,加糖、米醋、料酒、生抽和100克清水烧开,淋上少许湿淀粉勾薄芡,制成腴香蘸汁。

4. 取中碗一只,放干生粉40—50克,加鸡蛋1只,放清水30克,调成糊状,放少许盐搅上劲,如太厚,可再加点冷水调匀,厚

薄标准是将手指放进糊内拎起，手指上要粘满糊，并且滴下的糊像一根粗线。

5. 炒锅洗净，上火烧热，放清油200克，烧至三四成热时，将茄饼逐片拖满糊放进油锅内炸，每次4—5片，用筷子将油锅内的茄子翻身，见茄饼成形、浮在油面上即捞出。

6. 待茄饼全部炸完，油烧至六七成热时，将切好的菜丝放进油锅内炸，快速用勺子推翻约半分钟，见菜叶变脆、全浮在油面上即捞出，沥干油，油锅关火，将菜松摊在大圆盆内。

7. 炒锅上火烧热，放50—60克油，烧至四五成热时，将吐司放进油锅内用中火煎，有鹌鹑蛋的一面朝上，待锅底的吐司煎到金黄色时倒在漏勺内沥干油，装在菜松周围。

8. 锅再上火烧热，放200克油，烧至六七成热时，将茄饼下油锅内复炸至深黄色捞出，放在菜松上面，跟腴香汁一同上席蘸食。

【特点】

粗料细做，细料精做，以素带荤，造型美观，质地酥软，有酸甜咸鲜等五六种滋味，蘸着腴香汁入口，香味四溢。

【提示】

此菜制作工序多道，要事先做好斩肉蓉、切吐司和鹌鹑蛋、炸菜松、调腴香汁等各项准备工作，最后是制作茄饼。家中锅小，煎鹌鹑蛋和复炸茄饼时都可以分几次，茄饼一定要炸透，要外脆里嫩。家中品尝，可一次少做一点，一定要趁热品尝。

此菜品由何派川菜第五代传人、高级烹调师王吉莘制作。

# 生爆鱿鱼卷

【原料】

水发鱿鱼 750—850 克，青、红辣椒各 25 克

【调料】

料酒、精盐、鲜粉、胡椒粉、湿淀粉各适量，植物油 500 克（耗 75 克），葱、姜各 10 克

【制法】

1.将鱿鱼去头去尾（头尾另用），撕去白膜衣，冲洗后直切成两块，每块约一寸半宽，内面剞上十字花刀，其深度为原料的三分之二，然后改刀成长方块。将鱿鱼全剞好，放进 90℃以上的开水锅内烫一下捞出，用冷水浸冷，成卷形花状（此种花刀最适合鱿鱼和乌贼鱼烹制），将鱿鱼卷从冷水中捞出，沥干水分待用。

2.青、红辣椒洗净去籽，切成半寸大小的菱形片，葱切节花，姜切指甲片。另用小碗配上酒、盐、鲜粉、胡椒粉、湿淀粉各适量待用。

3.锅上火烧热，加油滑锅倒出，再烧热，放油烧至七八成热时，将鱿鱼卷和青、红辣椒片一起下油锅内，用铁勺一推，就侧在漏勺内。锅内留 20 克油，将葱节花、姜片下锅，快速再将鱿鱼卷下锅，这时火要旺，将碗内调料倒在鱿鱼上面，用勺子推翻两下，见卤汁紧裹在鱿鱼卷上面，淋上几滴油，快速装盆即成。

【特点】

色泽金黄，味道鲜香，脆嫩爽口。

【提示】

刀工和火工很重要，装盆后快速上席品尝。多余的鱿鱼头尾洗净，切成二寸粗细，配上中芹或笋丝，炒成芹黄鱿鱼丝一菜，咸鲜清香，脆嫩可口。

此菜品由何派川菜第四代传人、高级烹调师王志远制作。

# 小竹林蒜泥白肉

【原料】

猪后腿肉 500 克（带皮，肥瘦相间），绿豆粉皮 300 克

【调料】

辣油 50 克，蒜子 30 克，味精 7—8 克，生抽 100—150 克，糖 50 克，清水 30 克，葱 3 根，姜 2 片

【制法】

1.用刀刮净肉皮上的猪毛，洗净猪肉。锅内放清水烧开，把猪肉汆一下捞出，再冲洗干净。

2.另用锅上火，放清水烧开，把肉下锅煮，放葱、姜、料酒烧开后，用中火焖烧 30—40 分钟后捞出，原汤待半冷后，将煮熟的肉放入，使肉吸收汤汁，要切时再取出，以免猪肉受风吹后变色发涩。

3.切肉片时刀以薄刃锋利者为佳，切时左手掌应伸平，将肉压紧，右手持刀用平刀，从横筋开始，刀初入肉时，要用力揉擦几下，然后用推挖刀法一气片到底，肉片切得越薄越佳，尽量不断折，既容易使肉吸收调料、增加滋味，又可保持整片肉的美观。

4.粉皮切成一寸见方的片，放进开水锅内，放少许盐煮开捞出，沥干水分，放在盆内。

5.作料调制：蒜子斩成蒜泥，锅上火，放清水 30 克、白糖 50 克，用小火把糖水熬成糖汁，再加生抽 150 克烧开，倒入碗内，放味精，待冷，放入蒜泥、辣油调和。

6.切好的猪肉一片片叠在盆内粉皮上面，将调味浇在肉上，即可上桌食用。如不吃辣味，亦可放麻油。

【特色】

肉薄而嫩，味道鲜美，蒜味浓郁，不腻口，适于佐餐。

【提示】

煮肉时要掌握好时间，整块肉煮熟，不要煮得太烂。批片时要用推拉刀法，批得越薄越好。切肉片时有些边角碎肉，可放在煮肉的肉汤内，另加白萝卜片或卷心菜叶煮汤。

此菜品由何派川菜第四代传人、高级烹调师王志远制作。

# 干烧刀豆

刀豆人称四季豆,有长萁刀豆、矮萁刀豆,还有一种称"红筋刀豆"。长萁刀豆和红筋刀豆吃口较软糯,矮萁刀豆吃口差一点。

【原料】

嫩刀豆 500 克,榨菜 50 克

【调料】

植物油 400 克,白糖 10 克,酒酿汁 15 克,麻油 15 克,葱、姜各 10 克,鲜汤 100 克,精盐、鲜粉、料酒各适量

【制法】

1.刀豆斩去两头,撕去老筋,折成一寸半长的段,洗净沥干水分;葱姜洗净,切成末;榨菜洗一下,切成米粒。

2.锅洗净,上火烧热,放油烧至四五成热,将刀豆下油锅,用旺火炸 2—3 分钟,用勺子不断推动,见刀豆有皱皮后捞出沥干油。

3.锅内油倒出,下姜末煸炒两下,将刀豆下锅,加料酒、鲜汤,盖上锅盖,用旺火烧片刻,加糖、盐、鲜粉,将刀豆内卤汁收干,撒榨菜末、葱末,推翻两下,淋上麻油,装盆即成。

【特点】

色泽葱绿,味香鲜美,刀豆爽糯可口,咸中带甜味。

【提示】

刀豆中含有豆素和皂素，在油锅内煸炒时间要长一点，以保证安全，否则易中毒呕吐。开油锅将刀豆炸酥软后，加鲜汤烧一下就收汁，保持刀豆色绿，吃口软糯入味。家中若无鲜汤，可用清水代替。

# 龙须鳜鱼

【原料】

鲜活鳜鱼 1 条（750—800 克），熟火腿肉 1 块（100 克以上），大香菇 4—5 只，草鸡蛋 3 只，甜青椒 150 克（约 2 只）

【调料】

清油 200 克（耗 50 克），鲜汤 150 克，精盐、鲜粉、料酒、干生粉各适量

【制法】

1. 将鲜活鳜鱼刮鳞，开肚去内脏、去鳃，冲洗干净；香菇用温水泡软洗净，甜青椒去籽洗净。

2. 火腿肉一块洗净，放进开水锅煮熟（约煮半小时），捞出洗净四边油筋，去除肥肉和皮，切成 100 克细丝待用；香菇洗净，放进开水锅内煮 5 分钟捞出，批掉香菇上面黑色一层，再切一分粗细的丝待用；鸡蛋敲在碗内打糊，摊一张蛋皮，切成一分粗细的丝待用；甜青椒放进开水锅，放一点盐和油，氽开捞出，放进预先备好的冷开水内浸泡冷透，捞出修齐，切成一分粗细的丝待用。

3. 将鳜鱼齐胸鳍斜切下鱼头，在鱼头下巴处剖开，用刀背轻轻拍平，再用刀沿脊骨两侧平批至尾，留一寸尾巴肉，将鳜鱼批成两爿，再将两爿鱼肉肚裆带骨全批掉，将鱼皮去掉，鱼肉放进冷水盆冲泡 10 分钟捞出，切成二寸长、一分粗细的鱼丝，用适量精盐、鲜粉、料酒、蛋清半只拌匀，放少许干生粉上浆待用。鱼头、鱼尾冲洗一下，装盆放料酒、盐、鲜粉、

葱、姜、油，上笼蒸 10 分钟（蒸熟）。

4.炒锅洗净，上火烧热，放油滑锅倒出，再将锅烧热，放油烧至三四成热时，将鱼丝下油锅内划散，捞出沥干油，挑出 1/3 的鱼丝理整齐待用。

5.多余的鱼丝装入长大盆内，摆成鱼身的样子，再将各种切好的丝分别排齐在鱼丝四周，将鱼丝盖没，预先存下的 1/3 鱼丝也夹花排在香菇丝中间，要排成整齐的两排，再将蒸好的鱼头、鱼尾安放在两头，摆成一条蒸鱼模样；将鲜汤放准调味烧开，放 30 克油在汤内，淋在鱼全身和头尾，即可上席。

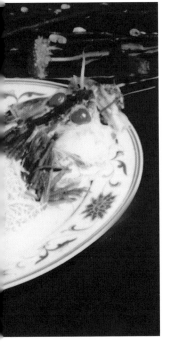

【特点】

色泽美观，白、黄、红、青、黑，五彩缤纷，鱼肉鲜嫩，滑爽味美。此菜用料丰富，有头有尾，形状美观，制作并不难，只是准备工作长一点。

【提示】

上席时主人动手，用筷子拌两下，将底部的鱼丝拌上来，拌匀后大家食用。各种原料预先氽好，切时用的砧板、刀、盆子等都要用开水清毒，包括用的抹布也要用开水烫过，装盆直接食用，一定要注意食品卫生。具体摆法见菜照。

此菜品由何派川菜传人、中国烹调大师杨隽和刀技沈立兵拼档制作。

# 白汁松茸

　　松茸是产自我国云南香格里拉、楚雄和吉林延边等原始森林中的珍稀食用菌，深受美食家青睐。之所以将松茸列为世界珍稀食材，原因有二：在林林总总的食用菌中，松茸以其色泽乳白、香气雅致、味道鲜美、质感软脆而独占鳌头；松茸具有独特的浓郁香味和鲜美口味，在东南亚和日本等国被视为菌菇中的极品，欧美各国也将松茸视为来自中国的天然滋补品。由此可见，松茸可与名贵的法国松露媲美。

【原料】

鲜松茸 300 克（6—8 只），熟火腿 15 克（装点配色用），青菜心 4—5 棵

【调料】

植物油 20 克，鲜汤 200 克，精盐、味精、水淀粉各少许

【制法】

1. 将松茸用小刀修去菇根和沾染的泥沙、污物，清水洗净，放入开水锅内煮 2—3 分钟捞出，放进冷水内泡 1—2 分钟，捞出批片（一般一只松茸直批成 4 片）；青菜心入开水锅焯至断生后捞出；熟火腿切成末。

2. 炒锅上火，放油烧热，然后放入鲜汤。加精盐、味精调正味道，大火烧开，放入松茸片。待松茸片质感软熟后，勾少量芡汁，略加翻炒后装盘。

3. 撒上火腿末，再用青菜心围在四周，即可上席。

【特点】

玉白、翠绿、艳红三色绝配。清香扑鼻，润滑微甜，齿颊留香。

【提示】

松茸买来若暂时不用，要包好放进冰箱冷藏，不要放速冻室。烹调前一定要洗净，再放开水内氽透泡冷，否则制作菜品时会变色。松茸入菜多为白烧，或炖鸡汤等。

# 福星永临

【原料】

划好的鳝丝 250 克（用鳝丝背），蛏子 500 克

【调料】

生抽 20—25 克，油 25—30 克，葱 4—5 根，姜 3—4 片，糖、精盐、胡椒粉、鲜粉各适量，料酒 50 克，蒜子 3—4 粒

【制法】

1. 划好鳝丝，选用黑色的背部，黄色的鳝肚另用。鳝背用冷水捞一下，切成两寸至两寸半的长段待用；蛏子洗净壳上泥沙，养在清水内，反复洗 2—3 次，在开水锅内烫汆一下，快速捞出挖出蛏肉，再放进冷水内养着待用；蒜子斩成细末；用小碗将生抽、鲜粉、胡椒粉、糖等调成卤汁待用。

2. 锅上火，放 500—700 克清水烧开，放香葱 4—5 根、姜 3—4 片，加一点料酒，烧开后将葱姜捞出，将鳝背下开水锅内快速汆一下捞出；锅内水倒掉，放清水 500 克烧开，将蛏肉放进开水锅烫一下快速捞出。

3. 将烫好的鳝背排齐在腰盆中间，烫好的蛏肉排在鳝背周围，再将小碗内的卤汁加 50 克热鲜汤调匀，浇在鳝背上面。

4. 锅洗净，上火烧热，放 25—30 克油，烧至四五成热时将蒜末下油锅内煸炒成黄色后浇在鳝背上，即可上席。

【特点】

黄、黑、白三色，色彩鲜明，鳝肉滑嫩爽口，蛏肉鲜嫩味美，蒜香浓郁，汤汁鲜美。此菜不用油炒，都是用开水汆熟，用热油浇上一点，特别鲜美爽口，肥而不腻，营养也很丰富。

【提示】

蛏子一定要洗净，去壳时顺便去掉脏东西和黑膜，洗净泥沙。烫蛏肉时一定要开水下锅，动作要快。脾胃虚寒、腹泻者应少食蛏子。

此菜品由何派川菜第五代传人、高级烹调师王吉荦制作。

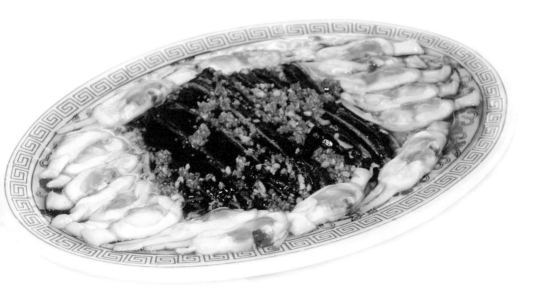

# 宫保鸡丁

　　宫保鸡丁据说是清朝山东巡抚、四川总督丁宝桢所创制，"宫保"是其荣誉官职。作为川菜中的一道传统名菜，宫保鸡丁流传甚广，各地有很多不同做法，甚至出现了将鸡丁改为肉丁的"宫保肉丁"。宫保鸡丁传到西方后，西方人根据自己的口味进行了一些改良，变成符合西方人口味的"西式宫保鸡丁"。这里介绍上海何派川菜的宫保鸡丁，在配料和调味上又有自身特点。

【原料】
嫩公鸡肉 250 克，盐炒花生米 50—80 克，蛋清 1 只

【调料】
干红辣椒 4—5 只，生抽 20 克，醋 6 克，糖 5 克，花椒粒 15 克，葱段 10 克，姜片 3 克，盐、味精、干生粉、黄酒各适量，湿生粉 10 克，鲜汤 10 克（若无，可用清水替代），植物油 250 克（耗 100 克），红油 10 克

【制法】
1. 将鸡肉拍松，剞一分见方的十字花纹，再切成六分长的方丁，像小指头一节的形状，放入碗内，加少许精盐、蛋清 1 个拌糊，加少量干生粉，上浆待用。
2. 干红辣椒去籽，切成约六分长的段，葱段、姜片全切好。盐炒花生米去净外衣备好。取小碗一只，放白糖、酒、醋、生抽、味精、汤汁、湿生粉等调成芡汁。

3.炒锅上火烧热，倒入250克油滑锅，再将油倒入锅内，烧至四五成热，将上好浆的鸡丁下油锅内划开，倒在漏勺内。

4.锅内留20克油，将花椒粒下锅煸炒出香味，捞出花椒不用，再放红干辣椒段煸炒变色，加葱、姜片等煸香，再将鸡丁倒在锅内，将小碗内调料倒在鸡丁上推翻两下，加入花生米，淋上红油，即可装盆上席。

【特点】

鸡肉鲜香细嫩，咸鲜略带酸甜，辣而不燥，干香味美，属小荔枝味。

【提示】

做此菜要选新公鸡肉，鸡肉要拍松、剞花后再切长方丁，便于入味。干辣椒一定要在锅内煸成咖啡色后再放葱段、姜片，煸炒出香味后再放鸡丁。调味配料上醋的比重要比糖稍重。四川传统宫保鸡丁，花生仁不和鸡丁放在一起，而是装小碟跟上。如不用花生仁，可配上冬笋、青笋。炒鸡丁最好选用带皮鸡腿肉，尽量不用鸡脯肉，鸡脯肉做鸡丁不够嫩，一般切鸡丝和鸡片等。什么原料做什么菜，要有规格，没有规矩，不成方圆。

*此菜品由何派川菜第四代传人、高级烹调师李红制作。*

# 红油拌猪腰片

　　红油是辣油，川菜七滋八味中有红油味型。这种味型的菜有拌猪腰片、红油鸡片、红油扎皮、红油耳朵、红油龙抄手等，小竹林蒜泥白肉中也要放一点红油。红油是川菜厨师自己制作的，有一种独特的干香味，与买来的辣油味道不同。

【原料】
新鲜猪腰 3—4 只，香菜梗 50—70 克，红油 20—25 克

【调料】
生抽 25 克，料酒 50 克，葱、姜各 30 克，鲜粉、绵白糖、胡椒粉、蒜蓉、麻油等各适量

【制法】
1. 猪腰洗净，撕去外衣，平放在砧板上，用批刀从腰脐口一面批成两爿，再平批掉腰子中间的斑点（行话称腰臊），冲洗干净，批成梳齿状，放进盆内，放少许料酒、盐、清水，用筷子搅拌几下，放进冷水内冲洗 2—3 次，备用。
2. 香菜洗净，切成一寸半长，取较嫩的 50—70 克，放进冷开水内漂一下，捞出沥干水分，装在圆盆内。
3. 炒锅上火，放清水 700—800 克烧开，放葱姜、料酒、少许盐，再煮 2—3 分钟，去除葱姜，将洗净的腰片放进开水锅内，用旺火快速汆开。
4. 将腰片捞出，沥干水分，排在香菜上，淋上配好的红油调料，多余的香菜嫩叶放在腰片上点缀一下，即可上席品尝。

【特点】

咸香鲜美，干香浓郁，辣中带甜，脆嫩爽口。

【提示】

猪腰批掉腰臊后，一定要漂在冷水内，上席前10分钟捞出余水装盆，加红油调料，尽快食用。这是一道热菜，要贵宾等菜。猪腰冷了就变硬变老，吃起来像五香豆。

此菜品由何派川菜第四代传人、高级烹调师王志远制作。

# 竹报平安

【原料】

鲜芦笋嫩尖 200 克，川竹荪 10 克，熟精火腿 70—80 克

【调料】

鲜汤 200 克，油 20 克，精盐、鲜粉各适量，白胡椒粉少许

【制法】

1. 干川竹荪冷水泡半小时后，洗净修去老根部位，再修去竹网和竹伞，修成二寸长的段，连洗 2—3 次，再泡在清水内待用；熟精火腿肉切成一寸半长、六七分宽的薄片（10 片左右）。

2. 芦笋嫩尖取约二寸半的长段，在开水锅内汆半分钟，捞出排在汤盆左边；川竹荪在开水锅内汆透，捞出沥干水分，排在汤盆右边；火腿片排汤盆中间，这样从左到右青、红、白三色，美观悦目。

3. 锅上火，放入清汤，加调料烧开，将汤浇在盆内，即可上席。

【特点】

此菜既讨口彩，又是绿色保健食品。一菜三色，汤清味美。芦笋、川竹荪都是素菜中的高档原料，口感脆嫩，富有营养。

【提示】

芦笋一定要选购青芦笋，竹荪用冷水泡发，清洗3—4次后再用开水漂洗，洗净异味和泥沙。火腿预先蒸熟，片要切得薄一点。家中若无鲜汤，可用清水替代，但鲜粉要多放一点。

此菜品由何派川扬菜点传人、高级烹调师陈忠制作。

# 干烧明虾

　　明虾属于高档食材，烹调方法很多，烧、炒、炸、蒸、煮、干烧等皆可，其中有上海人喜欢的春笋明虾段、干烧明虾，去壳批成片的炒明虾片，去壳留尾的吉利明虾，去壳剖成的宫保明虾，一虾三色三吃明虾等。这里介绍的干烧明虾属上海何派川菜板块。

【原料】
新鲜明虾8—10只（约800—1000克）

【调料】
小香葱50—60克，姜30—40克，甜酒酿50—60克，泡红辣椒2—3只（约15—20克），料酒30克，植物油80—100克，郫县豆瓣辣酱30克，盐、鲜粉、麻油、米醋、湿淀粉各适量

【制法】
1.将明虾放进水盆内，用剪刀剪去虾须和虾脚，在脊背处从头部剪开一条半寸长的小口，用剪刀尖头挑出虾头内的虾胃（如香瓜子大小），再挑出一条细黑的虾肠，用清水轻轻洗一下，沥干水分。
2.葱姜洗净，分别切成粒，姜比葱要小一点；泡红辣椒去籽，切成末。
3.锅上火烧热，用油滑锅再烧热，放50克油，烧成七八成热时，将明虾下锅两面煎红，倒在漏勺内。
4.锅上火烧热，放30克油，将姜末、泡红辣椒、郫县豆瓣

辣酱一起煸炒出红油，再放甜酒酿一起煸炒透，加料酒、盐、清水烧开，将煎好的明虾下锅，盖上盖用旺火烧开，调中火烧5—6分钟，加准调料，用旺火收卤汁，一面转动锅子防止粘底，一面用一半葱末撒在明虾上，见汁收干，再淋上适量的湿淀粉，一面不停转锅，一面在锅子周围淋上油。最好来一个大翻身，将虾全翻过身，多余的葱末全撒在明虾上面，淋上麻油和米醋，即可装大圆盆上席。

【特点】
色泽红亮金黄，虾肉嫩中有弹性，细腻鲜美，香气四溢，咸中带甜，甜中微辣，辣中鲜香，滋味浓醇，食后七八个小时，口中仍有鲜香回味。

【提示】
如人多，明虾每人一只，可切段烧，一般一只明虾分三段，头上一点肉，中段、尾巴上带点肉。起锅前不会大翻身，但在收汁时一定要转锅，否则容易焦糊，影响成菜质量。

*此菜品由国家级烹调技师、上海市非物质文化遗产项目绿杨邨川扬帮菜点制作工艺第二代传承人、何派川菜第四代传人，25年前全国烹饪大赛中获银奖的沈振贤制作。*

# 红棉虾团

传说刘邦在乌江一举打败西楚霸王项羽，得了天下，要给皇后吕雉用红色棉花纺线绣件红衫，可哪里来的红色棉花？于是刘邦下了一道圣旨，责令大小官员各地寻找。有一商人路过一个叫红花村的村庄，发现有户人家院里开着一朵朵盛放的桃形红棉，于是用300两银子买下这些红色棉花。这户人家姓尹，是位儒生，自称秦始皇焚书坑儒时逃到此地，每年都要种上几棵棉花，留做纺线卖钱度日。开花时雪白一片，长势很好，年年如此。今年发生怪事，所有棉花突然都变红色。红色棉花经商人献给高祖后，刘邦高兴万分，视为珍宝，除奖赏进贡者外，又把红花村封为红棉村，并永久种植红棉供给宫廷使用。此年刘邦在一次宴请吕后等贵妃时下旨膳房御厨，要以红棉桃的形状烹制一盘菜，御厨们精心琢磨，做出了一盘红棉虾团端上席面，颇得帝后赞赏。打那以后，"红棉虾团"就成为一道名菜，流传到民间。笔者多次在接待外宾时烹制红棉虾团，并将此菜的来历简单说了一下。宾客们品尝后，认为这道菜好看又好吃，来历也很有意思。当然传说不是正史，只是增加趣味而已。

【原料】

河虾仁600—700克，活草虾300克（约12只），精火腿60—70克，橄榄菜叶200克，鸡蛋清3只

【调料】

清油300克（耗100克），精盐、鲜粉、胡椒粉、荸荠干粉各适量

【制法】

1.河虾仁漂洗干净，捞出沥干水分，放少许盐、鲜粉、鸡蛋清
2只拌匀，加少许荸荠干粉上浆，斩成虾蓉，放进碗内，加50
克清油、蛋清1只拌匀，再放少许荸荠干粉上浆，拌上劲待用。

2.草虾去头去虾壳，留虾尾壳，从虾背上批开，去掉虾肠，清
洗后沥干水分，放在碗内，加准调料，放鸡蛋清拌匀，放干生
粉上浆待用；橄榄菜叶洗净，捞出沥干水分，切成两寸长的丝
待用。

3.备大圆盘一只，将虾蓉挤成直径一寸的圆球，放在圆盆内，
将蒸熟的火腿斩成细末，撒在虾球上面，上笼用中汽蒸8—10
分钟取出。

4.炒锅洗净，上火烧热，用油滑锅，将油倒在油盆内，锅再上火，
烧热时放50克油，烧至四五成热时，将虾球下油锅用中火煎，
只要煎底部一面，见浅黄色时倒出，沥干油装盆。

5.锅内放200克油，烧至六七成热时，将菜丝下油锅炸成松，
捞出沥干油，围在虾团旁边；再将草虾下油锅炸成金黄色，捞
出再围在菜松周围，即可上席。

【特点】

虾蓉粉红，象征红棉桃，鲜嫩味香，草虾外松内嫩，吃口好。

此菜品由何派川菜第四代传人、高级烹调师陈吉清制作。

# 清汤连珠大乌参

【原料】

水发大乌参 1 支（450—550 克），河虾仁 150 克，瑶柱 4—
5 颗，冬瓜球、胡萝卜球、虾球各 5—6 棵，小棠菜心 7—8 棵，
鸡蛋清 1 个

【调料】

清油 30 克，料酒、葱、姜各 30 克，高汤 500 克，清汤 600 克，
白胡椒粉、精盐、鲜粉、干生粉各适量

【制法】

1. 水发大乌参洗净，下开水锅内煮 3—5 分钟，捞出放进清
水内漂 10—15 分钟。

2. 炒锅洗净，上火烧热，放油 30 克，将葱姜煸出香味。加高
汤 500 克、料酒 30 克，放入大乌参烧开，调小火焖烩 10—
15 分钟。

3. 河虾仁洗净，沥干水分，加少许盐和鲜粉、鸡蛋清 1 只拌匀，
加少许干生粉上浆后，斩成虾蓉待用。胡萝卜、冬瓜、小棠
菜心打理好，放开水锅内汆至半熟，捞出在冷水内泡 10 分钟，
捞出待用。大瑶柱放在 100 克冷水中泡发 30 分钟。

4. 大乌参取出沥干汤汁，煮大乌参的汤汁不用。虾蓉加准调料，
加 20 克熟油拌匀，再加少许干生粉搅拌上劲，挤 5—6 只虾丸，
多余的虾蓉塞在大乌参肚内刮平，装在深长腰盆内，加 100
克清汤，用保鲜纸封好盆口，将大瑶柱和各种球、虾丸放进
深盆内，倒入瑶柱水，一起上笼用旺汽蒸 20 分钟。

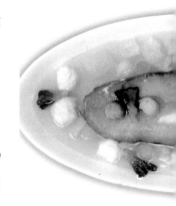

5.将大乌参取出，放入大一点的深长盆内，有虾蓉的一面朝上，把各种球围在大乌参四周，大瑶柱放在虾蓉上。

6.炒锅洗净，上火烧热，清汤下锅烧开，加准调料，将小棠菜放进汤内，一起浇在大乌参上，即可上桌。备好刀叉，切块让宾客品尝。

【特点】
汤清味鲜，乌参软糯，营养丰富。

【提示】
这是一款高规格的公馆菜品，制作过程中一定要认真细心。大乌参一定要洗净。制作此菜品一定要有两种好汤，高汤是煮乌参的，煮过就不用了；清汤是烧来食用的。

此菜品由何派川菜传人、中国烹饪大师杨隽制作。

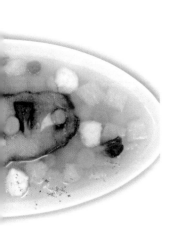

# 五朵金花

　　松茸属于纯天然环境下生长的食用菌，对生长环境的要求非常高，近似于苛刻。它只能生长在远离污染的原始森林中，其孢子必须与松树的根系形成共生关系，而且与其共生树种的年龄需要在50年以上，才能形成松茸生长的菌丝和菌塘。"五朵金花"是一道包括松茸在内的各种菌菇合蒸的菜肴，所有食材都具有一定的保健功能，久食不会发胖。

【原料】

松茸3—4只，羊肚菌8只，牛肝菌2—3只，猴头菇2—3只，麻菇8只，干竹荪15克（4—5朵），火腿50克

【调料】

鲜汤250克，植物油25克，精盐、味精、水淀粉各少许

【制法】

1.所有菌菇原料选用新鲜或冰鲜的为佳。用小刀修去菇根以及沾染在表面的泥沙和污物，并用清水洗净；逐一在开水锅内汆一下捞出，用刀将菌菇批成0.6—0.7厘米厚的片。

2.火腿切成一寸长，五六分宽的片；干竹荪用冷水泡软，轻手洗净，沥干水分，切成一寸长的段。

3.炒锅上火，倒入植物油5克烧热，倒入鲜汤烧开，加精盐、味精调正味道；将所有菌菇和火腿分别入鲜汤内汆熟捞出，分装在盆内，火腿居中，各种菌菇围于四周；锅内鲜汤加入水淀粉勾薄芡，浇在菌菇上，即可上席品尝。

【特点】

色泽素雅，形态美观，香气怡人，味道鲜美，口感滑嫩。

【提示】

选用的菌菇新鲜为佳，若是干制品，制作前一定要用冷水泡软，多洗几次，再用开水泡洗，洗净泥沙；松茸、牛肝菌用小刀刮净根部泥沙，用开水汆透。烹制时尽量用高汤。如家中无高汤，也可用开水替代，多放一点鲜粉。

此菜品由高级烹调师徐强华制作。

# 胡萝卜和胡萝卜油

胡萝卜原产于中亚、西亚一带，元代传入我国。随着胡萝卜食用价值、营养价值和医学价值不断被认知，已成为餐桌上不可多得的食材，并以其价廉物美和超高的性价比，深得老百姓的青睐。

胡萝卜又名黄萝卜、丁香萝卜、洋花萝卜、葫芦菔金、赤珊瑚金，上海人称之为"金笋"，广东人称之为"甘笋"，西北地区的居民称之为"红萝卜"……不过，最为贴切的名称应该是"平民人参"，用这种说法称赞胡萝卜一点也不为过。

为什么说胡萝卜是"平民人参"呢？因为胡萝卜对于老百姓来说，买得到、吃得起、味道好、营养高。

胡萝卜富含胡萝卜素，这是防治夜盲症和呼吸道疾病的营养物质。胡萝卜还含有丰富的 B 族维生素和维生素 C，有助于滋润皮肤和抗衰老。

研究显示，维生素 A 摄入量不足的人群癌症的发病率是正常人群的两倍。胡萝卜含有较多的核黄素和叶酸，是维生素 A 原的"抗癌同盟军"，亦有较强的抗癌作用。胡萝卜中的木质素和果胶物质，可与不慎摄入人体的汞结合，并迅速将汞排出体外。

美国科学家研究证实，每天吃两根胡萝卜，可使血液中胆固醇降低 10%—20%；每天吃三根胡萝卜，有助于预防心脏疾病和癌症。中医认为，胡萝卜味甘，性平，可健脾和胃、补肝明目、清热解毒、壮阳补肾。

胡萝卜在法式大餐、日式料理、清真饮食等主要菜系中都有一席之地，被视为上好食材。世界各国和地区中最长寿的是日本人，这与他们普遍嗜食胡萝卜不无关系。

胡萝卜在荷兰还被奉为"国菜"而倍受推崇。1574年西班牙侵略荷兰，荷兰战略要地莱顿被西军团团包围。城内军民坚守城池，但食物紧缺，仅靠胡萝卜、马铃薯、洋葱坚持了四五个月，硬是挺了过来。后来荷兰战胜了侵略军，为了感恩，便将胡萝卜、马铃薯、洋葱烹制的菜肴定为国菜。每年的10月3日，荷兰家家户户都要吃由胡萝卜烹制的菜肴，以纪念抵抗侵略战争的胜利。

可见，一款食材可滋养一个民族，一款食材还可拯救一个民族。

## 调香提味胡萝卜油

胡萝卜素是脂溶性维生素，只有在加油煸炒或与肉类同煮后，胡萝卜素才能释放出来被人体吸收。因此，将胡萝卜放在食油中熬制成胡萝卜油来食用，无疑是个补充胡萝卜素的好办法。

胡萝卜油就像江南人喜食的蟹黄油一样，营养丰富，味道鲜美，适用范围广，可拌面、拌饭、直接入口，还可以为各式菜肴调香提味，起到四两拨千斤的作用。

以下是胡萝卜油的制作方法，初学者可以先试着做缩小版的胡萝卜油，即原料的用量同比例减少。

【原料】

胡萝卜 1500 克，小开洋（虾米）50 克

【调料】

精制油 750 克，香葱 500 克，姜 200 克，盐、味精各适量

【制法】

1. 胡萝卜洗净，刮去表皮，切成两段，入水锅（锅中的水以淹没胡萝卜为度）大火煮开，转小火煮 10 分钟，待胡萝卜酥软后捞出，沥干水分，斩成泥（若使用粉碎机则更加便捷）。

2. 小开洋放在温水中泡软，洗净沥干水分，斩成细末；葱姜洗净，切成葱花姜末。

3. 炒锅上火烧热，倒入 500 克精制油，待油温升至五六成热时，将小开洋末、葱花、姜末轻轻置入油锅内，推炒约 30 秒，放入胡萝卜泥及盐，用大火熬，并不断地推炒约 4—5 分钟，待胡萝卜泥呈浓稠状，再倒入 250 克精制油继续推炒，待胡萝卜泥和油浑然一体，油色明亮，香味馥郁，并有小气泡出现，说明胡萝卜中的水分少了，胡萝卜油的制作到位了，即下味精拌匀。待冷却后，装入密封的大口玻璃瓶中，即可随时食用，用毕后放入冰箱冷藏保存。

【特点】

色泽金黄，香味浓郁，鲜滑爽口。

【用法】

夏季，可将胡萝卜油用来拌冷面、拌冷馄饨、拌凉拌菜，其他季节可用来炒菜、做汤菜，以调香提味。

【提示】

胡萝卜油一般以50克的量为宜。需要注意的是，用酱油做的菜品慎用胡萝卜油。

# 香酥鸭子

　　香酥鸭子，顾名思义，又香又酥，系炙制而成。整鸭色炙为栗褐色，一盘端上，滋滋有声。善品者听其声而知其成熟程度。用筷子一拨，骨架倾倒，肉脱骨，皮松脆。其皮之味美不亚于烤鸭，初食者或不知其为鸭也，因为这种鸭子的制作方法不一般，实已达老厨师所谓"善烹调者必善于变物之形"，此正所谓"变形"。

　　香酥鸭与樟茶鸭、怪味鸡、回锅肉、麻婆豆腐、鱼香肉丝一样，也是四川名菜中具有代表性的一道菜品，不过发明地却在上海。香酥鸭虽属四川菜系，但不麻不辣，适合南方人口味，四季皆宜，老少咸宜。

　　说起香酥鸭的来历，有几种不同的版本，目前记载较多、流传较广的版本是香酥鸭为国民党元老于右任所命名。1939年，上海蜀腴川菜馆开张，特邀川帮大师何其坤、徐志林掌勺。恰逢于右任六十寿辰，在蜀腴川菜馆办两天宴席。何、徐将精心烹制的炸肥鸭上席，于右任赞不绝口，连声说："又香又酥又脆，胜过挂炉烤鸭。"在场的经理王刚成听了十分高兴，遂将菜名改为"香酥鸭"。

　　不过，据我所知，香酥鸭还有另外一个版本。老上海有一家小花园川菜社，开设在浙江中路以西、九江路以南的广西路上，掌勺的是做何派川菜的钱道源师傅。钱师傅善于创新，他对当时川菜馆的名菜——"美丽鸡"进行改良，将猪肉丝、笋丝、香菇丝和泡红椒丝炒熟后塞在"美丽鸡"的鸡肚内，蒸后再炸，使鸡皮酥香、鸡肉鲜嫩味美。之后，钱师傅又进行改良，将这些肉丝、笋丝、香菇丝和泡椒丝炒熟后塞在鸭肚内再炸，鸭子不但鲜美，而且又香又酥。后来，为了降低成本，钱师傅舍弃了肉丝、笋丝、香菇丝、泡椒丝，在光鸭肚中配上一些香料，如桂皮、八角、山柰、草果，再加上精盐、花椒粒、葱、姜、酒等，上笼蒸酥后再炸，直接装盘上席。这样三改，使鸭子皮酥脆、肉鲜嫩、味香腴，从而享誉上海滩。之后，上海川菜馆的四川师傅又把此鸭的做法带回了四川，于是香酥鸭就长期被人误以为是正宗的四川菜了。

【原料】

光鸭 1 只（一般在 1200—1300 克，家里制作可买樱桃鸭，骨小鸭肉多）

【调料】

精盐 50—60 克，花椒粒 30—40 粒，葱 30 克，姜片 20 克，桂皮、八角、草果、山柰等共 50 克，黄酒 50 克，油 750 克（耗 100 克）

【制法】

1. 光鸭不要切开，肛门处开一寸大小的口，挖去内脏冲洗净，沥干水分。花椒粒同盐拌在一起，擦抹在鸭子内外和全身，在鸭胸部和腿部多擦几次。将鸭子放在蒸盘内。葱姜洗净，姜切片，葱打结；各种香料用清水洗一下，沥干水分。葱姜和各种香料放在鸭身内外，加黄酒腌渍半小时。

3. 将鸭子背朝上、肚朝下，上笼用旺火旺汽蒸。火要旺，水要足，沸水一般要蒸 2 小时，主要看鸭子老嫩决定时间，另一方面要看鸭背上两根扁龙骨有点弹高就蒸到位了，此时取出鸭子，拣掉葱姜和香料，沥干鸭肚内汤汁。

4. 锅上火烧热，放 750 克油，烧到七八成热，将鸭子肚朝下炸，不停地用勺推动鸭子，再用勺子浇热油在鸭背上，炸半分钟后将鸭翻身，鸭胸朝上、背朝下，用铁勺浇热油在鸭胸上，推动鸭子以免有焦斑，见鸭全身金黄色、皮酥脆时捞出，沥尽鸭肚内余油，淋上几滴麻油，即可装盆上席。装盆时要鸭胸朝上，随跟一碟花椒盐、荷叶夹，口味重者亦可蘸椒盐食用。

【特点】
成品形状美观，色泽金黄，油而不腻，酥香可口，吃时不用改刀，用筷子一拨，骨架倾倒，肉脱骨，皮松脆，又香又酥，肉嫩味鲜。

【提示】

加准作料，蒸酥、炸透。蒸鸭子时，人不要长时间离开蒸锅，防止锅内水烧干，要不断加水；开油锅炸鸭子时，更要注意安全。家中锅小，可以将鸭子一斩两片，或一斩四块，这样用300克油开油锅炸更安全。如果鸭子冷了，应回蒸10分钟加热后再炸，这样既可防止鸭子肚内结冻的卤汁遇油飞溅伤人，又可保证鸭皮的酥脆。如有鸭腿，可用同样方法烹制香酥鸭腿。

# 神仙鸭子

　　神仙鸭子是官府菜，相传由孔子第七十三代孙庆尧在四川成都羊市街公馆里传出。当时为庆贺慈禧太后六十大寿，庆尧让家厨用百年老陈酒做好鸭子后送给太后品尝。太后吃后说好，并赐名"神仙鸭"。此菜就此从官府传到了民间。

【原料】

三年老草鸭 1 只（1500—2000 克），金华火腿 60—70 克，鲜冬笋 50 克（净），水发香菇 3—4 朵，大瑶柱 3—4 个

【调料】

老陈黄酒 200 克，白胡椒粒 5—6 粒，香葱 30 克，姜 20 克，开水 1500 克，精盐、鲜粉各适量

【制法】

1. 老鸭洗净，鸭背上从鸭尾批开直到鸭颈部，取出内脏、鸭胗、鸭心，洗净留用；将鸭子内外冲洗干净，放进开水中煮 4—6 分钟，再将鸭胗、鸭肝、鸭心等放进锅内氽熟。

2. 鸭子捞出，放进冷水盆内冲洗干净，捞出沥干水分，放进大蒸碗内，鸭肚朝上，将鸭胗放进鸭肚内，再放入鸭肝、鸭心。

3. 香菇、冬笋、火腿用温水洗净，切成厚片，放在鸭肚上，瑶柱放进鸭肚。

4. 葱结、姜片、白胡椒粒放入鸭肚，加黄酒和开水，用保鲜纸封紧碗口，盖上盖，上笼用旺火旺汽蒸 100 分钟，转中火再蒸 30—40 分钟。上席前将葱姜去掉，滗去鸭汤内的浮油，

加准调料后再放蒸笼内蒸15分钟后保温，待贵宾到齐上席。

【特点】

汤清味香，滋味鲜美，鸭肉完整，酥软醇厚。

【提示】

家中若无大蒸笼，可用砂锅先大火烧10分钟后，转小火慢炖3小时。不论蒸或小火慢炖，都要注意安全，不要长时间离开厨房，防止锅内断水，特别是小火炖焖时，砂锅内要加足开水，避免中途再加水，影响口感。

此菜品由何派川菜第五代传人、高级烹调师叶晓敏制作。

# 太白鸭子

据传大诗人李白于唐玄宗天宝年间入京，但玄宗认为他不过是个诗人，并未重用他。李白想接近皇帝，也没有机会。一日李白到朋友家做客，朋友用百年老陈酿配上三七、枸杞，做了一只老肥鸭子，请李白喝酒。李白吃得很开心，他想到玄宗皇帝也好吃喝，就叫朋友再做一只献给皇上。玄宗吃了连声叫好，得知是李白送来的，便赐名"太白鸭子"。虽然李白后来还是没有得到玄宗重用，但他进菜的事却成为烹饪史上的一段佳话。太白鸭子由此传世，成为四川传统官府名菜。此菜少有菜馆厨师烹制。笔者几年前在制作四川菜系的十大名鸭时做了太白鸭子和神仙鸭子，在制作方法和配料上有所改进，但味道和滋补是永恒的主题。

【原料】

三年老公鸭 1 只（光鸭 1800—2000 克），猪瘦肉 300 克，鲜冬笋肉 200 克，三七 20 克，枸杞 15—20 克

【调料】

老陈花雕酒 200 克，开水 1500—2000 克，白胡椒粒 8—10 粒，葱、姜各 40 克，精盐、鲜粉各适量

【制法】

1.将老光鸭加工打理干净，从鸭背切开，挖去内脏，冲洗干净，鸭胗、鸭脚留用（鸭心、鸭肝另用）。

2.将鸭子、鸭胗、鸭脚、猪瘦肉切成一寸见方的块，一起放进开水锅内煮10分钟，捞出冲洗2—3次，泡在冷水盆内。冬笋切成火柴棍样的条，葱姜洗净，姜去皮切片，葱打结。

3. 将笋放进炖窝内，猪肉放在笋上面，鸭肚朝上放在猪肉上，三七、胡椒粒、枸杞、葱姜一起放入，加开水1500—1800克，用保鲜纸封好窝口，盖上窝盖，上火炖开，再上笼用旺汽蒸2小时，取出去掉葱姜，加老陈花雕酒200克，封好炖窝，再上笼蒸60—70分钟，取出加准调料，再封好窝口，用小汽慢蒸，直至鸭肉酥软，即可上席。

【特点】

汤清味鲜醇，鸭肉酥嫩完整，汤汁略有苦味，营养丰富。

【提示】

可供10—12位食用，如一人作补品，可分7—8天食完。家中若无条件蒸，可用小火慢炖3小时，但蒸前开水一定要加足，注意安全，人不离开。

此菜品由何派川菜第五代传人、高级烹调师叶晓敏制作。

# 八宝葫芦鸭

俗话说,鸡食中翅,鸭食鸭腿。八宝葫芦鸭选用鸭腿制作,小巧玲珑,每位一只,是全鸭宴中一道特别菜品,属椒盐酥香味型。

【原料】
鸭腿(每位1只)

【八宝小料】
糯米,火腿,鸡肉,开洋,小干贝,香菇,笋肉,松仁,瓜仁,京果

【调料】
生抽、鲜粉、白糖、精油、麻油、料酒、葱姜、花椒盐等各适量

【制法】
1.鸭腿洗净,用小刀将腿骨拆下,批下鸭肉,鸭皮上可带点鸭肉;所有八宝小料切成米粒大小。
2.炒锅洗净,上火烧热,用油滑锅,再上火烧热,放油20克,将八宝小料炒熟,加准调料,并将100克糯米饭拌在八宝料内,待冷却后,将八宝饭料包入鸭皮内,捏成圆葫芦形,底部用白棉纱线扎紧后,再放一点八宝料,用棉线扎紧葫芦口,装盆,放葱姜、料酒少许,上笼用中汽蒸30—40分钟。
3.开油锅,待油烧至五六成热时,将葫芦鸭下油锅,炸至金黄色捞出,沥干油,装盆,跟椒盐碟上席。

【特点】

鸭皮脆香，八宝软糯，美味可口。

【提示】

八宝料不要放得太多，以免爆开。食用时线要拆掉，蘸花椒
盐食用。

此菜品由何派川菜第五代传人、高级烹调师王吉荦制作。

# 香酥八宝鸭

【原料】

新鲜光鸭 1 只（1500—1800 克），八宝小料 400 克（鸭胗、火腿、鸡肉、虾仁、小干贝、鲜笋各 50 克，松子仁 30 克，干香菇 3—4 只），糯米饭 80 克，龙虾片 20—25 片

【调料】

清油 700—800 克（耗 100 克），葱、姜、料酒各 30 克，精盐 40 克，花椒粒 20 克，桂皮、八角、草果、小奈香等香料共 50 克，糖 20 克，鲜粉、胡椒粉、生抽、麻油各少许

【制法】

1. 光鸭洗净，拔净所有细毛，不要开肚，沥干水分，整只鸭子从脖子处用刀将皮批开两寸长的口，在鸭头下一寸处斩断，但鸭头要连着鸭皮。一手拿鸭皮，一手拿鸭身，连皮带肉拉下，注意鸭屁股和鸭背上的皮不要拉破，保留鸭子的完整形状。鸭架和内脏另作处理。

2. 将八宝小料打理好，鸡肉、鲜笋、火腿、香菇等都切成三四分大小的丁，鸡丁、虾仁要上浆，拉油半熟。炒锅上火烧热，用油滑锅，将油倒在油盆内，锅再上火烧热，倒 30 克油，放少许葱姜末煸出香味，将所有八宝小料下锅煸炒，加少许料酒、生抽、糖、鲜粉、胡椒粉和 50 克开水烧开，再将 80 克糯米饭放进八宝小料内炒匀，盛在盆内待凉。

3. 精盐 40 克拌上 20 粒花椒成花椒盐，用手将花椒盐擦在鸭子外身上，鸭头、鸭腿、鸭胸上都要擦到；手洗净，再将八宝饭

塞进鸭腹内，并在开膛处用针线缝合好，如鸭身上有其他破洞，也要缝好，鸭背朝下放进盆内。各种香料用冷水洗一下，放在鸭身上。葱姜洗净，姜切片，放在鸭身上，加少许料酒，上笼用旺汽蒸100—120分钟，用手摸一下鸭腿是否熟透，如已熟透，取出鸭子装在盆内。

4.炒锅上火烧热，放500克清油，烧至六七成热，将龙虾片下锅炸，快速翻动，20—30秒后迅速捞出。再将鸭子下锅炸，鸭胸朝下，并用勺子不断推动鸭子，防止粘锅，约炸1分钟，将鸭子翻个身再炸鸭背，并用勺子将锅内热油浇在鸭胸上，1分钟后见鸭皮呈金黄色时捞出，沥干油，淋几滴麻油，即可装盆。龙虾片围在鸭子四周，上席时配好刀叉。

【特点】

香酥味美，咸中带甜，甜中有咸鲜。

【提示】

上席前不要忘记去掉缝合的线。鸭子蒸好后如有破裂处，特别是鸭背上有破口，就不能直接下油锅炸，可用鸡蛋、面粉或干生粉调成糊，粘好破口处再炸。炸鸭子时注意安全，可将鸭子放在漏勺内轻轻下油锅，火要旺一点。家中锅小，油可少放一点，400克也可以，但要防止鸭子粘锅炸焦。家中制作，可购樱桃鸭子，约1000克重，鸭子虽小，但肉厚油少。炸鸭子时一定要先蒸熟，冷鸭子是不能炸的。

此菜品由何派川菜第四代传人、高级烹调师王志远制作。

# 樟茶鸭子

【原料】

光鸭 1 只（约 1500 克）

【调料】

生油 800 克（耗 100 克），精盐 15 克，甜酒酿 50 克，花茶 50 克，香樟树叶 50 克，香葱 100 克，花椒粒 20 粒，料酒 50 克，柏枝 200 克，锯木屑 200 克，鲜粉、胡椒粉、麻油等各少许

【制法】

1. 光鸭清洗干净，去掉鸭脚和鸭膀上段光翅，留中翅在鸭上，从鸭背边软档处批开 2—3 寸长的口，用双指挖出内脏，批掉鸭屁股，冲洗净鸭内血斑和污物，沥干水分待用。香葱洗净，切成两寸长的段。

2. 将盐、花椒粒、胡椒粉拌匀，抹在鸭子全身和内外，再用料酒和甜酒酿拌匀，抹在鸭子全身，主要抹在鸭皮上，多余的可抹在鸭肚内。将鸭子腌制 8—10 小时，取出吊起吹干。

3. 将花茶、锯末、柏枝、香樟树叶放在一起拌匀，平均分为三份。取一个深一点的木盆（四五寸高），在地上放平，将一份花茶、锯末等放进一只大土碗内，再将一段在炉内烧红的炭放在花茶上面，将土碗放在木盆中央，木盆口上平放一张稀眼铁丝网，将鸭子放在铁丝网上，再用一个大盆盖上，这就是熏鸭子的步骤。熏 8—10 分钟后，取出鸭子，再加一份熏料，加烧红的炭放进土碗内，将鸭子反身再熏 6—7 分钟，取出鸭子，再调一次熏料，鸭身上还未熏到的鸭皮处再放到

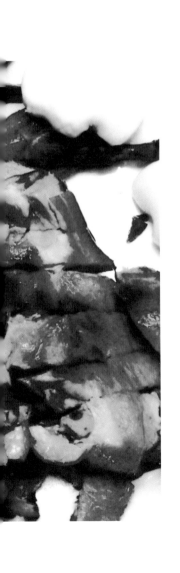

烟上熏 4—5 分钟，熏至鸭皮呈深黄色时，将鸭子取出，放在大蒸碗内，放香葱，上笼用旺汽蒸 120—130 分钟。

4. 食用前，炒锅上火烧热，加清油 700—800 克，烧至六七成热时，将鸭子下油锅内炸，炸至鸭皮酥皱取出（3—4 分钟），改刀装盆，要形状完整，像鸭子原样。随跟甜面 30 克、麻油 10 克调匀，分两小碟，同鸭子一起上席，可蘸而食之。

【特点】
经腌、熏、蒸、炸等工序，制作讲究，改刀装盆后仍保持原形，酥、香、肥、嫩、鲜，带有樟木和茶叶的特殊香味，最宜下酒。

【提示】
熏鸭子时一定要分三次熏，每一次都要将鸭子反身熏得均匀，鸭子全身都要熏到位。

此菜品由何派川菜第五代传人、高级烹调师叶晓敏制作。

# 香橙虫草炖老公鸭

此菜是四川官府传出的正宗川菜，不麻不辣。相传 20 世纪 40 年代，四川省教育厅厅长郭有守力排众议，提拔了一位叫杨慎修的北大中文系毕业的青年才俊。杨在求学期间，因学习刻苦，患上肺结核，最后一个学年，休学在家调养。其母博学，每隔三天按祖传秘方，用橙汁虫草炖老公鸭给儿子吃。大半年后，杨的肺结核痊愈，体质有明显改善。杨出任教育厅秘书长后，便把这一秘方告诉了郭有守以示感谢，郭后来将此秘方给了好友张大千。张大千先生晚年在台湾住处，经常品吃此菜，还深有感触地说："每服一只香橙虫草老公鸭，可抵一两人参。"

【原料】

三年老公鸭 1 只（1500—2000 克），冬虫夏草 5—6 根，香橙 1 只（100—150 克），猪瘦肉 250 克，金华火腿 50—70 克

【调料】

陈年绍酒 200 克，香葱 50 克，姜 30 克，白胡椒粒 5—6 粒，精盐、鲜粉各适量

【制法】

1. 老鸭宰杀后 10 分钟，放进开水桶内烫 2—3 分钟，不断翻动，要烫透，取出去净鸭毛，冲洗干净，在鸭背尾部开刀，去掉内脏，切去鸭肛，鸭肝、鸭胗、鸭心留用，可同鸭子一起蒸。

2. 猪肉切成块，放进开水锅内煮 2—3 分钟，捞出冲洗干净；火腿切成块，洗净；葱洗净打结，姜去皮切片；虫草用冷水洗一下。

3. 将鸭子内外冲洗干净，放进开水锅内煮 3—5 分钟，捞出放进冷水盆内，再冲洗干净，装在大砂锅内，鸭肚朝上。放入猪肉、火腿、虫草、葱结、姜片，加水上火烧开，滗去浮沫，放绍酒。

4. 香橙洗净，带皮切厚片，放进鸭锅内，用保鲜膜封紧锅口，上笼用旺火旺汽蒸 2 小时，用中火再蒸 1 小时，取出去掉葱姜，加准调料，用小火炖 15—20 分钟，可上席食用。

【特点】
鸭肉酥烂，鸭形完整，汤清味香，是一款食疗保健滋补佳肴。

【提示】
家中若无大蒸笼，小火慢炖也可，烧开后一定要用微微的小火炖，但开水要一次加足。不能长时间离开锅灶，防止烧干。此菜可供 6—8 位一起食用，如一人当补品，可分 6 天食完，但每顿须配上 250—300 克绿叶菜，才能消化吸收。食用此菜时不要再食白萝卜，未成年男女慎食。

# 炖三套鸭

三套鸭又称"孝子鸭",是江苏扬州的一款传统名菜,选用家鸭、野鸭、菜鸽套在一起制作而成。传说最初选用的是江苏高邮、宝应、兴化一带的肉卵兼用鸭,这三个地区的鸭肉质丰满细嫩,肥而不腻,皮薄香鲜,营养丰富,特别是立冬后的鸭,肉质最为肥嫩厚实,适合烹制菜肴,立春后的鸭则以产蛋为主。

【原料】

家养老公鸭 1 只,野鸭 1 只,菜鸽 1 只,金华火腿 100 克,冬笋 50 克,干香菇 4—5 朵

【调料】

料酒 50 毫升,香葱 50 克,姜 30 克,白胡椒粒 5—6 粒,精盐、鲜粉各适量

【制法】

1. 三禽宰杀后放净血,开水褪净鸭毛洗净,逐只脱骨,并保持形状完整。

2. 脱骨后的鸽子放入开水锅内煮 2—3 分钟,捞出冲洗干净;鸽头朝外,填入脱好骨的野鸭腹中,在鸽、鸭之间填几片火腿和笋片,再将套着鸽子的野鸭放入开水锅中煮 2—3 分钟,捞出冲洗干净。

3. 将野鸭头朝外,填入家鸭腹中,两鸭之间再填几片火腿、笋片;香菇泡软,去掉老根,洗净,批成香菇片,同火腿、

笋片一起填进家鸭内，再放进开水锅内煮3—5分钟，捞出冲洗干净。

4.将鸭子放进大蒸碗内；鸭胗洗净，放入开水锅内煮2—3分钟，捞出洗净，放进蒸碗内，加料酒、白胡椒粒、葱、姜片，加开水，用保鲜膜纸封好碗口，盖上盖，上笼旺火旺汽蒸100分钟，转中火蒸50分钟，取出开盖，去掉葱姜，加准调料，将多余的火腿片、香菇片排在鸭胸上，盖上盖，上笼再蒸40—50分钟，待贵宾到齐即可上席。

【特点】

家鸭肉厚肥嫩，野鸭肉香味鲜，菜鸽肉质细嫩，三味复合相聚，层出不穷，美在其中。此菜汤汁醇厚味香，特别鲜美，被称为"七咽汤"，形容汤入口后连咽七次嘴，仍可回味出鲜味。

【提示】

选料要新鲜，鸭子脱骨时，要细心认真，保持牙齿完整，不皱鸭皮。家中若无条件蒸，可用不锈钢锅或大砂锅，烧开后转小火炖3小时，再加调料。水一定要加足，防止汤汁炖少；同时要注意安全，炉灶旁不要长时间离人。

*此菜品由何派川菜传人、中国烹饪大师杨隽和刀技沈立兵拼档制作。*

# 全鸭宴

## 家鸭种类

鸭是畜禽类烹饪原料。有野鸭及经人工驯化后的家鸭两大类。家鸭系由野生绿头鸭和斑嘴鸭驯化而来，在世界各地分布很广。在中国主产于华东、华南、华北、西南等地区。中国以鸭入菜见于周代《礼记》。

中国是世界上最早把野鸭驯化成家鸭的国家之一。中国家鸭良种约有 20 多种，可分为肉用鸭、蛋用鸭和肉卵兼用鸭三类，代表科有：

北京鸭，又称白鸭，是著名的烤鸭原料。

建昌鸭，产自四川凉山彝族自治州西昌市。

绍鸭，产自浙江萧山。

娄门鸭，又称苏州大鸭，产自江苏苏州娄门地区，为优良肉蛋兼用鸭。

樱桃鸭，原产英国，现产于中国贵州三穗县，肉蛋兼用鸭。这鸭子瘦肉多、脂肪少，肉质细嫩鲜美，每只在 1000 克上下，家中食用最佳。

高邮鸭，原产于江苏高邮宝应、兴化一带，现主产于安徽中部巢湖周围各县，为肉卵兼用鸭，为南京板鸭的主料。

白洋淀鸭，产于河北。

金定鸭，产于福建。

还有临武鸭、连城白鸭、番鸭等。

鸭子除毛嘴之外，全身均可食用，鸭肉丰满细嫩、肥而不腻、皮薄，其食法同鸡相似，多以整只烹制，最宜烧、烤、卤、酱、蒸、炖，用于红扒、煮、烩、焖、炸、炒等烹调方法。又可加工成大块小块，用熘、爆、贴等方法。鸭肉可应用多种调料烹调，有咸鲜味、麻辣味、酸辣味、红油味、五香味、香糟味、陈皮味、家常味、腴香味、怪味味、咸甜味、椒麻味、芥末味，鸭入菜可当主料，又可当配料。可制作冷菜、热炒、大菜、汤羹，还可以做点心馅料，可煲饭（如野鸭煲饭），可煲粥等。

鸭肉营养丰富，味甘咸，性平，具有滋阴养胃、利水消肿作用，鸭肉能滋五脏之阴，清虚劳之热，补血行水，养胃生津，止咳息惊。但鸭性凉寒，有虚寒性脘腹疼痛、腹泻、痛经等不宜食用鸭子。

在我国，中秋节前后都有吃鸭子的习俗，这是因为秋季是鸭子最肥壮的季节，更重要的是鸭子不仅营养丰富，而且因其常年在水中戏水生活，性偏凉，可防秋燥。

## 全鸭宴的来历

笔者在50多年前到成都、重庆二地学习工作时，听成都省级的锦江宾馆厨政部主任张德善大师对我说：我们四川有个大地主叫刘文彩，是四川省大邑安仁镇人，刘文彩之弟1916年毕业于保定陆军军官学校，叫刘文辉，曾任国民革命军第二十军军长、川康边防军总指挥等。解放后，刘文辉曾任四川省政协副主席、林业部部长等。

有一年，大地主刘文彩的老婆过六十岁生日，要在刘公馆办十桌寿宴，并要求家厨用 100 只鸭子制作全鸭宴菜肴宴请宾客。厨师要 100 只活鸭很难买到的，刘婆说：到农民家去买。经过几天筹备，总算办起 100 只鸭子的全鸭宴菜肴。后来这席全鸭宴传到社会上，成了最大的新闻。锦江宾馆的张大师对我说：所以四川菜中以鸭子为原料烹制的菜肴品种最多，并有川菜十大名鸭之说。

上海何派川菜第一代师傅是四川富顺县人，叫何其林，是上海较早的美丽川菜社老大。何派川菜第二代传人钱道源、何其坤，也是四川富顺县人，将四川菜中十大名菜鸭子带到上海。推算下来，上海的鸭子菜肴和全鸭宴是有来历的。40多年前，笔者多次到四川学习工作，曾多次同四川老师傅学习讨教全鸭宴等菜肴。改革开放后不久，为了接待服务需要，带领自己调教的徒子徒孙制作鸭子菜肴和全鸭宴 50 多个鸭子菜品，受到食客的好评。

现将鸭子和全鸭宴菜肴简说如下，给读者平时应用参考。

## 鸭子菜肴

冷盆：水晶鸭方、椒麻鸭掌、红油鸭舌、糟汁鸭胗、虾须鸭肉、红卤鸭脯、丁香鸭条、棒棒鸭丝、怪味鸭丁、明珠冻胗、胡油鸭片等

热菜：回锅鸭片、芹黄鸭丝、宫保鸭丁、子姜鸭片、香酥鸭卷、锅贴鸭方、生炒菊红、莲子鸭羹、蒜蓉胗花、清炸

胗花、爆炒鸭肠、酸辣鸭血、腴香鸭肝、腴香鸭蛋、春白鸭丹、芙蓉鸭舌、掌上明珠、金炙鸭掌、芝麻鸭肝、串烤鸭心、响铃鸭子、拆烩鸭舌掌、柴把鸭子、锅烧鸭子、锅巴鸭丁、虫草鸭舌、叉烧鸭、三冬鸭子、鸭肝春花等

整菜：香酥鸭子、香橙虫草老公鸭、太白鸭子、神仙鸭子、樟茶鸭子、豆渣鸭子、魔芋鸭子、陈皮鸭子、当归鸭子、黄精鸭子、香酥八宝鸭子、淡菜炖鸭子、干鲍炖米鸭、双冬扒鸭、老鸭套大乌参、联珠扣鸭、清汤八宝鸭、老鸭套鸽、松茸炖鸭子等

当然，扬州菜中还有不少名菜鸭子，如三套鸭子、野鸭煲饭、野鸭煲粥等。

## 全鸭宴

前菜：水晶鸭方、椒麻鸭掌、红油鸭舌、糟香鸭胗、红卤鸭脯、棒棒鸭丝

热炒：回锅鸭片、锅贴鸭方、拆烩鸭舌掌、生炒菊红

汤：芙蓉鸭舌

整菜：香酥片鸭、柴把鸭子、老鸭套大乌参、香酥八宝鸭、香橙虫草老公鸭、菜园鸭丹

美点：鸭肉笋丝春卷、野鸭煲菜粥

送上一品生果。

此全鸭宴是上海何派川菜板块，有传统菜肴和创新菜肴，同时在鸭宴席上还为食客准备了多款何派川菜经典名菜，具体菜名可参考本书《刀鱼和全刀鱼宴》。

全鸭宴菜单

| 类别 | 菜品 | 口味 | 色泽 | 烹调技法 | 主要用料 | 特点 |
|---|---|---|---|---|---|---|
| 冷菜 | 水晶鸭方 | 咸鲜 | 透明 | 蒸、冻 | 鸭肉、火腿片 | 咸鲜，滑爽酥嫩，味鲜美 |
| 冷菜 | 椒麻鸭掌 | 辛辣味 | 浅灰 | 拌 | 鸭脚、花胶 | 辛辣带麻脆嫩鲜香 |
| 冷菜 | 红油鸭舌 | 咸鲜辣 | 浅红 | 拌 | 鸭舌、辣油 | 咸辣鲜香滑嫩 |
| 冷菜 | 糟香鸭胗 | 鲜香 | 浅黄 | 腌、泡 | 鸭胗、糟卤 | 咸香鲜美 |
| 冷菜 | 红卤鸭脯 | 咸甜鲜 | 红色 | 卤 | 鸭子 | 咸鲜甜酥嫩味美 |
| 冷菜 | 棒棒鸭丝 | 咸香 | 麻酱 | 拌 | 鸭子、粉皮 | 咸鲜香嫩酥软味美 |
| 热炒 | 回锅鸭片 | 咸甜辣 | 金黄 | 炒 | 鸭子、橄榄菜 | 咸辣甜鲜香 |
| 热炒 | 锅贴鸭方 | 咸香 | 浅黄 | 煎 | 鸭肉虾仁、火腿 | 咸香鲜脆嫩 |
| 热炒 | 拆烩鸭舌掌 | 咸鲜 | 白色 | 烩 | 鸭脚、鸭舌 | 咸鲜脆嫩 |
| 热炒 | 生炒菊红 | 咸鲜 | 紫绿 | 炒 | 鸭胗、青笋 | 咸鲜，脆嫩 |
| 整菜 | 香酥片鸭 | 咸鲜香 | 金黄 | 蒸、炸 | 鸭子各种香料 | 酥香软嫩味鲜 |
| 整菜 | 柴把鸭子 | 咸鲜 | 本色 | 卷、蒸 | 鸭子、火腿笋、香菇 | 味鲜，香美 |
| 整菜 | 老鸭套大乌参 | 咸鲜 | 本色 | 蒸 | 老鸭、大乌参 | 味鲜美软糯 |
| 整菜 | 香酥八宝鸭 | 酥香 | 金黄 | 蒸、炸 | 鸭子、鸡、火腿、笋香菇、干贝、松仁 | 香酥味美丰富多彩 |
| 整菜 | 香橙虫草老公鸭 | 咸鲜 | 本色 | 蒸 | 鸭子香橙、虫草 | 味鲜美滋补 |
| 整菜 | 菜园鸭丹 | 咸鲜 | 青绿、白 | 烧 | 鸭丹、青菜心 | 咸鲜，软糯 |
| 美点 | 鸭肉笋丝春卷 | 咸香 | 金黄 | 包、炸 | 鸭肉、笋丝 | 咸鲜外脆内嫩 |
| 美点 | 野鸭煲菜粥 | 咸鲜 | 青绿 | 煲 | 野鸭大米、青菜 | 咸鲜味美 |
| 生果 | 一品生果 | | | | | |

李兴福首批注册中国烹饪大师元老级证书

李兴福非物质文化传承人证书

# 美味熟醉蟹

　　熟醉蟹色泽金红，香气扑鼻，咸甜爽口，色、香、味俱佳，具有强烈的味觉冲击，很有上海人追求的江南风味特色。更难能可贵的是，熟醉毛蟹比生醉更入味、更洁净、更安全，制作也不难。

【原料】
雄蟹 6 只、雌蟹 6 只（每只约 100—150 克）

【调料】
五年陈花雕酒 500 克，生抽 400 克，白砂糖 400 克，蜂蜜 100 克，姜 100 克，香葱 30 克，花椒粒 15 粒

【制法】
1.将每只蟹的蟹脚绑好，再用刷子将蟹洗刷干净；姜洗净切片，均匀地覆盖在蟹身上，淋上少许料酒，上笼大火蒸 15 分钟。关火后再焖 1 分钟。蒸蟹时要注意蟹肚朝上，以免蟹黄流失。
2.将生抽、花雕酒、白砂糖一起放进锅内，上炉小火熬制，并用勺不断搅动，以免白砂糖粘锅。待糖完全熔化、卤汁微开时，即关火冷却，倒入蜂蜜搅拌均匀，最后将醉卤倒入盛器内。
3.将蒸好的蟹上的绳子解开（此时蟹脚蟹钳已定型，不易脱落），去除蟹上姜片，将蟹一只只轻轻放入醉卤内，再放花椒粒、小姜片和葱段一起浸渍，8—10 个小时后即可食用。

【特点】

味道鲜美，咸中带甜，甜中有鲜香，风味浓郁，食后特别安全！

【提示】

蒸蟹前一定要将蟹用小刷子洗刷干净。蒸蟹时蟹肚要朝上。腌渍蟹的调料汁可用两次，第三次食用时可在老卤汁内加一点调料，上火烧开再用。一般这样的醉蟹可存放3—4天。腌渍时醉卤一定要淹没蟹，浸在卤汁内的蟹要上下翻调。

此菜品由何派川菜第四代传人、高级烹调师李红创制。

# 姜汁螃蟹

【原料】

鲜活螃蟹 5—6 只（500—550 克），鲜毛豆肉 100—150 克

【调料】

植物油 80—100 克，小香葱 30 克，老姜 100 克，干生粉 50 克，料酒 50 克，米醋 5 克，精盐、鲜粉、胡椒粉各适量

【制法】

1. 将鲜活螃蟹放进冷水内洗刷干净，特别是蟹钳上的茸毛要冲洗净泥土，捞出放在砧板上，肚朝上，在正中用刀切成两半，去掉蟹脐、蟹胃和蟹蓑衣，在切口处蘸上干生粉，防止蟹黄流失（待烧）。

2. 葱洗净，切成葱米；姜去皮拍碎，捏出姜汁约 20 克，多余的碎姜斩成姜末 10 克。

3. 炒锅烧热，放油滑锅倒出，锅再烧热，放油 50 克，烧至六七成热时，快速将蟹蘸着生粉的一头下油锅煎约半分钟，放料酒、葱姜末和毛豆肉，将锅转动，蟹壳朝锅底，加清水 500—600 克，用旺火烧开，盖上盖焖烧 8—10 分钟，加盐、鲜粉、胡椒粉，多余的干生粉拌成湿淀粉待用。

4. 见锅内蟹汁 150 克左右时尝好口味，将姜汁下锅，再用湿淀粉勾芡，边勾芡边转动锅子，见芡汁紧裹在蟹身时，淋上 20 克油，转动一下锅子，来一次大翻身，使蟹壳翻身朝上，再次淋上油和少许米醋，即可装盆上席。

【特点】

蟹壳鲜红，壳上有一层薄薄的金黄色卤汁，配上青绿色的毛豆肉，色泽美观。蟹肉鲜嫩，姜汁香味浓醇，毛豆肉和卤汁更鲜美。盆内有一层黄黄的蟹油，拌面更佳。

【提示】

蟹虽然好吃，但蟹性特寒，脾胃虚寒者不宜多食。吃蟹时更忌与柿子同食，以免中毒。蟹黄、蟹膏胆固醇偏高，动脉硬化者、高血压、冠心病等人群不宜食蟹，孕妇应忌食蟹，特别是大的蟹钳、蟹爪，更不能食用。购买螃蟹时看清是鲜活的，最好自己挑选，死螃蟹绝对不能吃！

此菜品由何派川菜传人、高级烹调师黄方琪制作。

# 蟹粉狮子头

　　上海南京西路上的新镇江大酒家是著名海派扬帮菜馆，其中狮子头最受食客欢迎，老年人尤其喜欢。冬季有蟹粉狮子头、清炖狮子头、风鸡狮子头；夏季有生鱼狮子头、文蛤狮子头；春季有笋芽狮了头等。另有脆鳝煮干丝、肴肉、五柳刀鱼丝、彩云刀鱼片、双边刀鱼、炒软兜、紫龙脱袍等扬帮传统名菜。

【原料】
猪五花肉（去皮去骨）500—600克，河蟹肉（即蟹粉）100克，猪肋排200克，小菜心10棵，鸡蛋1只

【调料】
葱、姜各30克，胡椒粉、料酒、精盐、鲜粉、湿淀粉各适量

【制法】

1. 猪肉洗净，批成一分厚的片，随后切成二分粗的丝，再切成赤豆大小的粒，轻轻斩几刀（行话称细切粗斩），放进盆内待用。

2. 葱姜洗净，沥干水分，切成细末，放进肉内，加料酒25克、清水25克，精盐、鲜粉、胡椒粉各适量，拌上劲，加鸡蛋1只拌匀，放少许湿淀粉拌上劲，捏成5只肉圆，再将蟹粉分别滚在肉圆上待用。

3. 猪肋排切成小指粗细、长短的条块，放进开水锅内氽一下，捞出冲洗干净，放进砂锅内，加清水500克，放料酒、葱、

姜各适量烧开。

4.将做好的大肉圆放在肋排上面，水要超过肉圆，用小火慢炖约2小时，去掉葱姜，将洗好的菜心放在肉圆周围，加准调料，再用小火炖焖30分钟，即可上席。

【特点】

色泽浅黄，软嫩滑爽，味道鲜美，具有蟹香味。

【提示】

一定要用小火炖焖，注意锅内水不要烧干。

此菜品由新镇江大酒家高级烹调师、有四十多年厨龄的费臻民亲手切肉糜拌料制作。

## 锅贴蟹粉

　　河蟹蒸熟后拆下的蟹黄、蟹膏，加上蟹脚、蟹钳、蟹身上的肉，拌在一起，总称蟹粉。蟹粉可单独成菜，亦可作为点心馅料，如蟹粉小笼、蟹粉汤团等，也可配上无味的荤素食材制成佳肴，如蟹粉豆腐、蟹粉白菜、蟹粉鱼翅等。拆蟹粉的具体步骤，本书另有介绍。

【原料】

现拆活蟹粉 200 克，河虾仁 200 克，咸吐司 5 大片，鸡蛋清 2 只

【调料】

清油 100 克，精盐、鲜粉、胡椒粉、湿淀粉、干生粉、米醋、白糖各少许，料酒 30 克，葱姜细末 15 克

【制法】

1.河虾仁漂洗 2—3 次，捞出沥干水分，放少许盐和鲜粉拌匀，加蛋清 1 只搅成糊状，放干生粉上浆，再斩成蓉，放在碗内，再加蛋清 1 只拌糊，加清冷油 10 克拌匀，放少许干生粉拌上劲待用。

2.吐司批成一寸半长、一寸宽、一分厚的薄片 10—12 片，摊在大圆盆内。将虾蓉挤在土司片上，刮平，在虾蓉中间挖一个洞。

3.炒锅洗净，上火烧热，放清油 100 克滑锅，将油倒出，锅再上火烧热，放 30 克油，将葱姜末下锅煸炒出香味，将蟹粉

下锅煸炒出黄油，加料酒 30 克，加准其他调料，炒透，淋上几滴湿淀粉炒开，再淋少许米醋和麻油，将炒好的蟹粉盛在碗内待用。

4. 炒锅洗净，上火烧热，放 50—60 克清油，烧至三四成热时，将吐司块放入，用中火煎吐司，一面煎一面用勺子将锅内热油浇在虾蓉上，使虾蓉也传熟。边煎边转锅，以免吐司粘锅。煎至吐司呈金黄色、虾蓉熟透时，倒在漏勺内沥油。

5. 将炒熟的蟹粉分别装在虾蓉洞内，装满为止。多余的蟹粉另装小盆，放在大圆盆中间，将锅贴蟹粉块围在四周，吃完锅贴，再品尝蟹粉。

【特点】
造型完整，滋味鲜美，酥松滑嫩，营养丰富。

【提示】
蟹粉一定要炒透，这是品尝性菜肴，调味不要太咸。煎吐司时先小火后中火。

此菜品由何派川菜第四代传人、高级烹调师李红、陈吉清拼档制作。

# 蟹粉菜心

【原料】

蟹粉 100 克，小棠菜 2000 克（取菜心 300—400 克），高汤 300—400 克

【调料】

熟油 70—80 克，精盐、鲜粉、胡椒粉、料酒、湿淀粉、葱、姜各适量

【制法】

1. 小棠菜洗净，去除老边，取中间菜心，修去根部，放入清水中泡洗 3—4 次，捞出沥干水分。葱、姜洗净，切成细末待用。

2. 炒锅洗净，上火烧热，放油 40—50 克滑锅，将油倒入油盆内，锅再上火烧热，放油 40—50 克烧热，倒入菜心，用旺火炒至七八成熟时，用漏勺捞出菜心，将油沥干待用。

3. 炒锅洗净，上火烧热，放油滑锅，将油倒在油盆内，锅再上火烧热，放油烧至三四成热，放入葱姜末，煸炒出香味，放入蟹粉，煸炒几下，放料酒、胡椒粉和高汤，倒入菜心，盖上锅盖，用旺火烧 1—2 分钟，揭盖加准调料，盛出菜心。

4. 锅内的蟹粉淋上少许湿淀粉勾芡，再浇上少许熟油，将蟹粉浇在菜心上，即可上席品尝。

【特点】

青黄二色，菜心软糯，蟹粉鲜美。

【提示】

煸炒菜心时要用旺火，既使菜心酥软，又保持青色。口味不要太咸。高血脂和血压过高的人群少食或不食蟹粉。

# 梦圆蟹宴

　　天高云淡，金风送爽，河蟹又上市了。尽管现在市场上一年四季都有河蟹出售，但上海人品尝蟹还是很有讲究的。秋风起、蟹脚痒，九雌（九月吃雌蟹）十雄（十月吃雄蟹）的老皇历不会忘的。农历六月吃六月黄，有油酱毛蟹、面拖蟹、阿奶吃毛蟹、话梅醉蟹等，9—11月吃大闸蟹，拆蟹粉吃蟹粉。

## 蟹的菜肴和点心

　　河蟹蟹粉和海蟹食法有很多种，蟹的菜肴和点心至少有五六十个品种，可炸烹、油煎、炒、焖、扒、烧、蒸、烩、腌、醉、糟、冻、贴等，作为冷盆、热炒、大菜、汤羹以及点心馅料，各有千秋，各有特色。代表性的蟹菜肴有：芙蓉蟹片、花浪蟹斗、炸蟹粉球、炒蟹黄油、炒虾蟹黄、芙蓉蟹黄、蟹粉扒瑶柱脯、蟹粉排翅（人造）、蟹粉花胶、蟹粉竹荪、蟹黄扒松茸、蟹粉鱼唇、蟹粉鱼脑、毛姜蟹钳、冻蒸花蟹、毛姜醋蟹腿、高丽蟹膏、锅贴蟹黄、蟹粉虾球、蟹粉鳜鱼、五柳蟹腿、子姜蟹身、酥炸蟹卷、蟹粉鸡丝、五年醇花蟹、香槟荔枝蟹、蟹粉冬瓜球、蟹粉棠菜、蟹粉豆苗、蟹粉冬笋、蟹粉豆腐、蟹粉白菜、蟹粉芦笋、蟹钳荟萃、蟹粉炒饭、蟹粉炒蛋、蟹腿春卷、花蟹煲粥、膏蟹蒸饭、毛蟹捞饭、蟹粉烩面、姜汁毛蟹等，并可组成全蟹宴席。

梦圆蟹宴

　　冷菜：话梅醉蟹、毛姜蟹钳肉、子姜蟹腿、毛姜醋蟹身、冻蒸花蟹、香糟河蟹

　　热炒：芙蓉蟹身、蟹黄虾仁、锅贴蟹膏、蟹粉松茸

　　大菜：八珍蟹柳、蟹粉鱼唇、蟹粉瑶柱、蟹粉花胶、蟹粉鳜鱼、蟹黄菜园、蟹钳荟萃

　　美点：蟹腿春卷、蟹粉葱开烩面

　　茶：姜茶一盖碗

　　送上一品生果。

　　此梦圆蟹宴菜单中可同时穿插上海何派川菜板块的菜肴，如水晶鸭方、椒麻鸭掌、棒棒鸡丝、姜汁黄瓜、珊瑚白菜、蒜泥白肉、干煸竹胎、灯影牛肉、虾须鸭肉；干烧明虾、干烧鳜鱼、叉烧鳜鱼、蒜枣裙边、八宝刺参、家常大乌参、富贵包盈利；竹荪瑶柱脯、葱烩驼峰、韭黄春斑、清蒸江团、鸡蒙竹荪、清汤联珠大乌参、鸡火裙边等，为全蟹宴锦上添花，味觉上更有层次感。

　　友情提示：河蟹营养高，其中维生素 A 含量是水产品中最高的。但河蟹性寒，寒性体质者应少吃。胃痛、伤风、感冒、过敏症，有冠心病、高血压、动脉硬化者也不宜吃。蟹不可与柿子同食。死河蟹绝对不可食。

### 梦圆蟹宴菜单

| 类别 | 菜品 | 口味 | 色泽 | 烹调技法 | 主要用料 | 特点 |
|---|---|---|---|---|---|---|
| 冷菜 | 话梅醉蟹 | 咸鲜甜 | 本色 | 蒸、醉 | 河蟹、黄酒 | 味香，鲜美 |
| 冷菜 | 毛姜蟹钳肉 | 辛酸 | 本色 | 熟炖 | 河蟹钳肉 | 姜香辛辣，酸味 |
| 冷菜 | 子姜蟹腿 | 咸辛辣 | 黄白 | 熟拌 | 河蟹腿脚肉 | 咸辛辣，鲜嫩 |
| 冷菜 | 毛姜醋蟹身 | 咸辛酸 | 黄白 | 熟拌 | 河蟹肉 | 咸辛辣，鲜嫩 |
| 冷菜 | 冻蒸花蟹 | 咸鲜酸 | 红白 | 蒸、冻 | 活花蟹 | 酸甜，咸鲜 |
| 冷菜 | 香糟河蟹 | 咸香 | 红、淡黄 | 蒸、糟 | 活河蟹香糟 | 味香，鲜嫩 |
| 热炒 | 芙蓉蟹身 | 咸鲜 | 白色 | 炒 | 河蟹肉蛋清 | 滑嫩，鲜美 |
| 热炒 | 蟹黄虾仁 | 咸鲜 | 金黄带白 | 炒 | 河蟹黄河虾仁 | 咸鲜香滑嫩 |
| 热炒 | 锅贴蟹膏 | 咸香 | 金黄 | 煎、贴 | 河蟹黄虾蓉、面包片 | 鲜香 |
| 热炒 | 蟹粉松茸 | 咸鲜 | 金黄 | 烧 | 河蟹粉松茸 | 咸鲜香味美 |
| 大菜 | 八珍蟹柳 | 咸鲜 | 浅金红 | 烩 | 蟹肉、笋香菇、火腿等 | 咸鲜香 |
| 大菜 | 蟹粉鱼唇 | 酸辣味 | 浅金红 | 烧 | 鱼唇、蟹粉 | 咸鲜带酸辣 |
| 大菜 | 蟹粉瑶柱 | 咸鲜 | 浅金黄 | 扣、烧 | 蟹粉大瑶柱 | 咸鲜香 |
| 大菜 | 蟹粉花胶 | 咸鲜 | 浅金黄 | 烧 | 蟹粉、花胶 | 咸鲜，滑爽 |
| 大菜 | 蟹粉鳜鱼 | 咸鲜 | 金黄 | 蒸、炒 | 蟹粉、鳜鱼 | 咸鲜味美，滑嫩 |
| 大菜 | 蟹黄菜园 | 咸鲜 | 绿黄 | 烧 | 蟹黄、棠菜 | 酥软 |
| 大菜 | 蟹钳荟萃 | 咸鲜 | 五色 | 烧 | 蟹钳、时蔬 | 咸鲜，酥软 |

续表

| 类别 | 菜品 | 口味 | 色泽 | 烹调技法 | 主要用料 | 特点 |
|---|---|---|---|---|---|---|
| 美点 | 蟹腿春卷 | 咸鲜 | 金黄 | 炸 | 蟹腿、笋香菇、春卷皮 | 咸鲜香 |
| 美点 | 蟹粉葱开烩面 | 咸鲜 | 金黄 | 烩 | 蟹粉开洋、葱 | 咸鲜香 |
| 甜茶 | 红糖姜片茶 | | | | | |
| 生果 | 一品生果 | | | | | |

冬季是"闭藏之季"，此时自然界的万物都处于封闭收藏状态。就人体来讲，腠理肌肤紧密封合，无泄于外。不仅衣着厚暖，同时胃纳渐旺，需要大量的能量，以抵抗寒冷气候，并储藏精华。

### 当季蔬菜

冬笋、松茸和各种菌菇类、荠菜、塔菜、大白菜、草头、青菜、核桃、桂圆、花生、松仁、虫草、天麻、毛山药、枸杞子、各类萝卜、荸荠、藕、菠菜、韭黄……

### 当季荤食

甲鱼、海参、山羊、兔子、鹿肉、鹿鞭、鹿茸、狗肉、羊鞭、鱼肚、山鸡、石鸡、野鸭、竹鼠、鲍鱼、文蛤、牛鞭、山瑞、草鸡、鸭子、牛肉、牛筋、乌青鱼、草虾、鳜鱼、鲜贝、扇贝、栗子、蹄髈……

### 烹饪要诀

冬季菜肴颜色要深浓一点。冬季人体一般没有湿热之虚，可进食滋腻厚味之品，凡质地滋腻、气味厚重的食材，加一点名贵中药材，如冬虫夏草、天麻、人参、枫斗、蛤士蟆油等，其补益力更强。冬令进补，可以分食补和药补，虽有区别，但药食同源，可相互联系。

# 高汤煮干丝

扬州名菜煮干丝，据传在扬州已有一百多年历史。在扬州茶面馆内吃早茶的顾客，都要点一盆干丝过茶，也可当点心。据扬州老厨师说，当时扬州干丝有两种做法，一种是带汤的高汤煮干丝，配上一些荤素浇头，其中放鸡丝和火腿丝的，又称鸡火煮干丝；另一种是烫干丝，无汤汁的（上海川扬帮厨师称拌干丝）。这两种干丝在扬州的菜面馆内是不作菜肴的，作为休闲食品，一般早上和下午，在茶面馆、小笼包和汤包店内都有售。有些路边茶面馆内，是用卜页（现称百叶）切成丝制作的。随着时代的发展，扬州厨师进入上海，把这两款干丝也带到上海川扬菜馆，出现在菜单上，改成煮干丝和拌干丝两个菜名。豆制品是一年四季常用的食材，煮干丝和拌干丝同样是四季常有菜肴，但在配料上可有季节区分。

【原料】
大白豆腐干 600 克（约 8 块），熟鸡丝 50—60 克，熟火腿丝 30—40 克，河虾仁 50 克，豌豆苗 25 克，高汤 600—700 克

【调料】
熟猪油 50 克，精盐、鲜粉各适量

【制法】
1.将大白豆腐干放进冷水锅内，用小火慢慢烧开，约烧 2—3 分钟后捞出，再修去四周老边皮摊平，待冷透，再批成薄片，

一块豆腐干要批成 10—12 片，再切成细丝，切 80—90 刀，切好放进开水盆泡养，用筷子轻轻划散，约 10 分钟后捞出，再换开水浸泡。

2. 虾仁洗净上浆，滑油后盛出。

3. 炒锅洗净，上火烧热，放猪油，加高汤烧开，将干丝捞出沥干水分，放进汤锅内，盖上锅盖，用旺火煮约 2 分钟，见锅内汤色发白，加准调料，将干丝带汤盛在大汤碗内。

4. 锅内留 100 克汤，将虾仁、鸡丝、豌豆苗分别放进锅内烫一下，盛起放于干丝上，再放上火腿丝，即可上席。

【特点】

干丝洁白软绵，汤白如奶，味道鲜美，富有营养。

【提示】

此菜系贵宾等菜，要趁热食用。干丝粗细要切得均匀，切好干丝一定要烫 2—3 次，并用高汤烹制。家中若无高汤，干丝烫后捞出沥干水分，用麻油、生抽、鲜粉做调料，做成拌干丝，也是扬州名菜。

此菜品由何派川扬菜传人、高级技师杨隽携刀技沈立兵联袂制作。两位大厨在传统煮干丝的基础上，推出不同季节的干丝新品种，有三虾煮干丝、脆鳝煮干丝、海鲜煮干丝、蟹粉煮干丝等，深受食客欢迎。

# 步步高升

　　秋冬季节是吃河虾河蟹的最佳时光。雄蟹膏硬，雌蟹黄红。河虾味道鲜美，虾肉有弹性又养颜，再选几只白鸭的鸭脚，烹制成一道造型美观、颜色鲜艳，营养更佳的菜肴。因为鸭子走路是一摇一摆、一步一步的，故取名"步步高升"，暗喻一年比一年好。这道菜，是绿杨邨刀技沈立兵创制的。

【原料】

河虾仁400克，河蟹500克（约6只，3雌3雄），白鸭脚10只，西兰花250克，鸡蛋清2只

【调味】

清油30克，盐、鲜粉，料酒、胡椒粉、干生粉各适量，鲜汤200克（无鲜汤可用清水替代）

【制法】

1. 河蟹洗净，锅内放冷水1000克，将蟹下冷水锅内，开火煮10分钟捞出，将蟹黄、蟹膏取出待用；虾仁洗净，沥干水分，斩成虾蓉，放在碗内，加盐、鲜粉拌成糊后，再加蛋清2只、30克油搅匀，放5—6克干生粉拌糊待用。

2. 鸭脚放锅内煮开，焖烧30分钟，见鸭脚酥而不烂，捞出放冷水内，将骨头逐步拆掉，要小心一点，特别是鸭掌心皮薄，尽量不要拆碎，拆好后摊在盆内。将虾蓉分别放在10只鸭脚上面，成圆形，再将蟹黄、蟹膏放在虾蓉上面，要放均匀一点。

3. 西兰花修成小花形，下开水锅内放点盐煮开，煮2—3分

钟后捞出，装在盆中间；放好虾蓉、蟹黄、蟹膏的鸭脚上笼蒸 10 分钟，取出装在西兰花朵周围。

4.锅上火烧热，放鲜汤 200 克烧开，放调味，匀成薄芡，浇在西兰花朵和每一只鸭脚上面，即可上席。

【特点】

造型美观，咸鲜滑嫩，有荤有素，营养丰富。属何派川菜，但不麻不辣，咸鲜味型，是一款讨口彩的官府菜。

【提示】

多余的蟹拆出蟹肉，可烹制蟹粉豆腐、蟹粉狮子头等菜肴。

此菜品由何派川菜第四代传人、高级烹调师陈林荣制作。

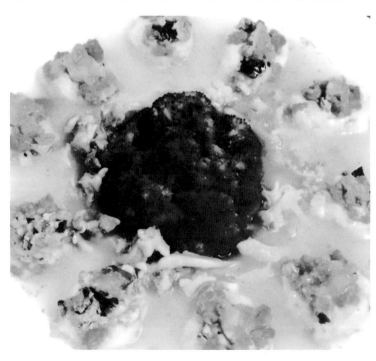

# 椒麻鸭掌

【原料】

新鲜田鸭脚 12—15 只

【调料】

葱姜末 70 克（葱白 50 克、姜 20 克），料酒 20 克，花椒粉 5 克，麻油 15 克，精盐、鲜粉、绵白糖等各少许，鲜汤 10 克，葱 3 根，姜 3 片

【制法】

1. 鸭脚修去趾甲洗净，放在蒸碗内，放葱 3 根、姜 3 片、料酒 20 克、开水 500 克，上笼用旺汽蒸 50—60 分钟，取出放进冷水内浸泡 5 分钟，小心拆去鸭脚上所有骨头，放进冷开水内。

2. 葱白洗净，姜去皮，沥干水分后切成葱姜蓉，放进碗内，加花椒粉、盐、糖、鲜粉、麻油和 10 克鲜汤，调成浓汁。

3. 将鸭脚捞出，沥干水分，排放在圆盆内，淋上调好的卤汁，即可上席品尝。

【特点】

这是粗料细做的公馆菜品。淡灰色，麻、香、咸、鲜、脆、嫩，略有辣味。

【提示】

蒸鸭脚时要掌握好时间，蒸好取出放进冷水中泡冷再拆骨头，拆鸭脚时要小心，保持形状完整。同样的卤汁可制作鸡片、鸭舌、猪肚、鸡胗、鸭胗等。

此菜品由何派川菜第四代传人、国家级技师丁健美制作。

# 生鱼狮子头

黑鱼又称乌鱼、生鱼、财鱼、火头等，高蛋白、低脂肪，味甘性寒，具有健脾利水、益气补血等功效，对创伤愈合亦有良好疗效。

【原料】

鲜活黑鱼1条（1500—1800克），猪肥膘100克，干竹荪20克，小菜心数棵，鸡蛋清1只

【调料】

葱、姜各50克，料酒50克，清油60克，精盐、胡椒粉、鲜粉、干生粉各适量

【制法】

1. 黑鱼宰杀，打理干净，去头去尾，从鱼背中间批成两片，再去掉龙骨，批去肚裆肉和鱼刺，去皮和红血筋等污物，批成一分半厚的薄片，泡在冷水盆内，30分钟后换一次清水。取下的鱼下脚料斩成块，冲洗干净；葱姜洗净，姜去皮切片；竹荪用冷水泡软，洗2—3次，将根部修去，切成一寸半长的段；小菜心打理干净。

2. 炒锅洗净，放清水800克，将鱼下脚放进开水锅内氽开约1分钟，捞出放进冷水盆内洗2—3次，特别是鱼头鱼皮上的鱼鳞去干净，捞出沥干水分。

3. 炒锅洗净，上火烧热，用清油60克滑锅，将油倒在油盆内，锅再上火烧热，放60克清油，将葱姜下油锅内煸炒出香味，

将鱼下脚下锅煸炒约1分钟，加料酒和1500—2000克清水，放入猪肥膘，一起用旺火烧开，盖上锅盖，用中火烧10—15分钟，再用旺火烧4—5分钟关火，将鱼骨和猪肥膘等捞出，鱼汤用纱布过滤掉小刺等污物。

4. 将鱼片从冷水盆中捞出，切成鱼丝，再切成红豆大小的鱼粒；猪肥膘批片切丝，再切绿豆大小的粒，和鱼粒放在一起，在砧板上放平，轻斩（行话称粗斩）25—30刀，斩后放深盆内。葱姜拍碎，放50克冷水泡4—5分钟，用手捏几下，使葱姜汁融化在水内。鱼粒、肥肉粒放料酒、胡椒粉、盐、鲜粉拌匀，再加葱姜水用力搅拌，加鸡蛋清1只拌上劲，再放少许干生粉拌匀上浆。备大圆盆一只，将上好浆的鱼肉挤成大小均匀的鱼丸，放进盆内，上笼用中汽蒸5—6分钟取出。

5. 炒锅洗净上火，将竹荪、菜心下锅氽熟，捞出放进大汤碗内。炒锅洗净上火，将鱼汤倒入，并将蒸成形的鱼丸轻轻放入鱼汤内，用中火烧开，盖上锅盖，用小火炖焖10—12分钟，再将竹荪等放入，加准调料，用旺火烧开，装汤碗内，上席品尝。

【特点】

汤色浓白，味道鲜香，鱼丸滑嫩肥美，竹荪脆嫩爽口。粗料细做，细料精做，很上档次。

此菜品由何派川菜第四代传人、高级烹调师陈林荣制作。

# 天麻拆烩鲢鱼头

拆骨鲢鱼头是江苏镇江的一道名菜。因为这道菜肴属于烩菜，所以用"拆烩"二字定名。实际上这道菜是拆骨后再烩成菜的。成菜后整个大鱼头内无一根鱼刺，老人、小孩也可以放心食用。近几十年来，人们对这道菜又进行改进，增加了名贵中药"天麻"，所以定名为天麻拆烩鱼头。

【原料】

花鲢鱼头 1 只（1000 克以上），香菇 2—3 只，鲜笋 60—80 克，粉皮 300 克，熟火腿 50 克，青蒜 2 根

【调料】

油 70—80 克，葱、姜、黄酒、盐、鲜粉、胡椒各适量

【制法】

1. 鲢鱼头刮鳞洗净，把鱼头一劈两爿。锅上火，加清水 1500 克，放入葱 3—4 根、姜 2—3 片。将鱼头下锅，鱼脸朝上，烧开后转小火再烧 20 分钟，见鱼骨脱落，捞出放在冷水内，轻轻将鱼骨全拆掉，放在盆内待用。

2. 香菇批片，熟火腿切片，鲜笋切片，粉皮改刀汆水，青蒜洗净切段，天麻用开水泡一下，葱姜末切配好。

3. 锅上火烧热，放油烧热，放葱姜末煸炒出香味，加鲜汤 500 克（若无鲜汤，可用清水代替），将辅料下锅烧开，将拆好的鱼头鱼脸和天麻下锅一起烩开，加调味尝好后，再将火腿片放进锅内烧开，淋上一点油，即可装盆，上面放一点

青蒜叶，趁热食用。

【特点】
肥鲜滑嫩，醇厚味浓。

【提示】
折鱼头时将半爿鱼头放在手心上，另一手轻轻将鱼骨摸尽，
要保持鱼脸、鱼鳃完整，装盆上席时也要看清鱼脸。

# 扬州三头菜肴和三头全宴

## 狮子头

隋炀帝到扬州观看琼花以后，流连江南，观赏了无数美景。他在扬州饱览了万松山、金钱墩、象牙林、葵花岗四大名景之后，对园林胜景赞赏不已，并亲自把四大名景改为千金山、帽儿墩、平山岗和琼花观。隋炀帝到行宫唤来御厨，让他对景生情做出四个应景的菜，以纪念这次扬州之旅（因为古代有用菜肴仿制园林盛景的习俗）。后来御厨费尽心思做出了四样名菜，其中一道是葵花献肉，杨广品尝之后非常高兴，于是赐宴群臣，一时间成为佳肴，闻名江南。自此后，达官显贵宴请宾客，宾客也都以享用此菜为荣，奉为珍品。

到了唐代，更是金盘玉脍，佳馔俱陈。

有一天，郇国公宴客，命府中的名厨做菜款待，宾客品尝后皆回味无穷。尤其当葵花献肉一菜端上时，只见盘子中央用肉圆子做成的巨大葵花心美轮美奂，真如雄狮之头！郇国公半生戎马，战功彪炳。宾客劝酒说："公应佩九头狮子帅印。"郇国公举杯一饮而尽说："为纪念今夕之会，这葵花献肉，不如改名为狮子头。"自此，狮子头成为淮扬四大名菜之一。现如今的狮子头种类已丰富到红烧、清蒸、蟹黄、风鸡、河蚌、笋芽、文蛤、生鱼、鮰鱼等十多个品种。另外，狮子头的菜品配上各种蔬食材料，分为春夏秋冬不同季节的狮子头，使狮子头的质地滋味在创新中永恒流传。


## 拆烩鲢鱼头

据说拆烩鲢鱼头是在一位财主与雇工的斗争中产生的。

清朝末期，镇江荣城里有一个姓朱的财主，此人虽有家财万贯，但却是出了名的吝啬，人们都不愿意和他来往。有一年，朱财主要建造一座绣楼，本地的瓦工木匠都不愿为他做。迫于无奈，朱财主只好招外乡工匠，最终招来五个苏北的瓦工木匠。起初朱财主对雇工们承诺包吃包住，暂且不说长达十多个小时的工作时间，谁知就连基本的一日三餐都吃不饱。其中一个叫曹寿的木匠很精明，一直在朱财主家磨洋工，朱财主起了疑心，总是犯着嘀咕：怎么这么长时间连院墙都围不好？这天刚好赶上财主老婆过生日，朱财主请了一位厨师到家里烧寿宴，买了二十多斤重的大鲢鱼。鱼身做了十几道菜，只剩一只鱼头，朱财主看到这足足有六七斤重的鱼头，心里总觉得可惜，思来想去最终决定把鲢鱼头斩开给瓦工木匠吃。做好之后端给瓦工木匠时，木匠们都嘟囔道："这七零八碎的东西分明是自己不吃才给我们的！这根本就是不尊重我们，大家都不要在他家做工了！"朱财主见到这种情况，马上对瓦工木匠们说："别误会！这是我家的祖传名菜，叫做烧烩鱼头，这菜无骨无刺，口味鲜美，待我让厨师再添上一些佐料将它加热，再请各位品尝。"于是厨师按朱财主的要求重新加点蘑菇、笋芽、粉肉烧烩后，再给瓦工木匠吃。曹寿等人出于好奇，就品尝了一下，觉得口味不错。厨师回到菜馆后，在选料和烹调方面加以改进，推出拆烩鲢鱼头一菜，上市后受到顾客欢迎，由此，拆烩鲢鱼头成了扬州名菜。

如今的鲢鱼头又新增了天麻拆烩鲢鱼头、蟹粉拆烩鲢鱼头、鸡火拆烩鲢鱼头、清蒸肥鲢鱼、旱蒸鲢鱼头、干烧鲢鱼头、红烧鲢鱼头等新品种。

## 红扒全猪头

红扒全猪头这道菜是由乾隆皇帝提出的。

有一回，乾隆皇帝下江南时，偶然遇见老百姓用生猪头在祭拜祖宗，当时就提议：用生猪头来祭拜祖宗，祖宗不能吃，会生气的，为何不烧熟了再做祭拜品呢？听完乾隆皇帝的提议，厨师立即将这猪头烧成一红一白两种口味，请乾隆皇帝品尝，乾隆皇帝尝第一口时就当即拍案赞美。就这样，红烧猪头成为扬州三宴中最为传统的名菜，并流传至今。

## 三头宴系列菜肴

十七八年前，笔者在上海南京西路绿杨邨掌勺时，和同仁沈振贤、沈立兵、杨隽、陈吉清拼挡期间，共同学习扬州经典传统"三头宴"菜品，研究扬州菜中最有特色的焖炖、烧制等烹饪技法，并揣摩了上海何派川菜中的经典味型，如腴香味型、家常味型和怪味味型等，增添了川味川烹。最终烹出了几款"三头"菜肴，使扬州"三头宴"的菜肴更丰富、更完整。

　　原本"三头宴"只有十多个品种，发展到三十多款，并在菜品制作上有所改进。如红烧全猪头改为红扒猪头，将猪头上骨头全部拆去，猪舌等另外制作好，围在猪头边上桌。

　　下面是三头宴系列具体菜肴：

　　狮子头系列菜肴：红烧狮子头（小棠菜心围边）、清炖狮子头（白菜心底）、蟹黄狮子头（干丝底）、笋芽狮子头（松茸围上）、风鸡狮子头（冬笋片）、河蚌狮子头（芦笋围上）、文蛤狮子头（豆苗围边）、生鱼狮子头（瑶柱围上）、鮰鱼狮子头（竹荪围上）、水白菜绣球狮子头

　　鲢鱼头系列菜肴：春白拆烩鲢鱼头，天麻拆烩鲢鱼头，蟹黄拆烩鲢鱼头，拆烩鲢鱼头活络、舌、唇、脑白梅，拆烩酸辣鲢鱼肚裆、鱼皮、下巴，清蒸毛姜鲢鱼头，家常鲢鱼头，京扒鲢鱼下巴，松茸拆烩鲢鱼头，黑松露旱鲢鱼头

　　猪头系列菜肴：红扒拆骨全猪头、豆渣猪头肉、家常猪头肉、回锅猪头脸、红油顺风、怪味猪舌、腴香猪鼻、香糟猪耳根、椒盐麒麟脸、白松露猪白梅

## 三头全宴

　　冷菜：椒盐麒麟脸、红油顺风、怪味猪舌、糟汁猪鼻冲

　　热炒：文蛤狮子头，回锅猪头脸，拆烩鲢鱼唇、舌、脑、活络，京扒鲢鱼下巴

　　整菜：天麻拆烩鲢鱼头、香酥猪头脸、蟹黄拆烩鲢鱼头、红扒拆骨全猪头、瑶柱鮰鱼狮子头、开水白菜绣球狮子头（注意红扒全猪头要配上时令绿叶菜和荷叶夹；上开水白菜绣球

狮子头时要每人一味上桌）

美点：鲢鱼头汤烩面、猪头脸扎皮春卷

在供应三头宴菜肴中，还可配上经典川菜菜肴，如陈皮牛肉、丁香草鸡、珊瑚白菜、八味鲳鱼、虾须鸭丝、椒麻肚丝、水晶甲鱼、水晶鸭方、香酥八宝鸭、干煸鳝背、干烧明虾、家常海参、红烧花胶、白汁驼峰、香酥飞龙、鸽蛋肝膏、芙蓉竹荪等。

三头宴菜肴在供应中很受"老克勒"食客的欢迎和好评，特别是美食家江礼旸老先生，还有小老大程皓主任多次带上他的团队来品尝红烧拆骨猪头和开水白菜绣球狮子头。

## 三头全宴菜单

| 类别 | 菜品 | 口味 | 色泽 | 烹调技法 | 主要用料 | 特点 | 备注 |
|---|---|---|---|---|---|---|---|
| 冷盆 | 椒盐麒麟脸 | 咸香 | 浅黄 | 腌、蒸 | 猪头花椒盐 | 咸鲜香酥软而有嚼劲 | |
| 冷盆 | 红油顺风 | 咸鲜辣 | 金黄 | 蒸、拌 | 猪耳朵红油料 | 咸鲜带辣脆嫩 | |
| 冷盆 | 怪味猪舌 | 麻辣咸 | 浅灰 | 蒸、拌 | 猪头肉腰果 | 麻辣咸甜酸鲜香 | |
| 冷盆 | 糟汁猪鼻冲 | 糟香味 | 浅黄 | 蒸、糟 | 猪鼻冲香糟汁 | 咸鲜香糟味浓郁，有嚼劲 | |
| 热炒 | 拆烩鲢鱼唇舌、脑、活络 | 咸鲜 | 银白 | 烩 | 鲢鱼的唇舌、脑、活络 | 滑嫩爽口味鲜美 | |
| 热炒 | 京扒鲢鱼下巴 | 咸鲜甜 | 金红 | 烧 | 鲢鱼下巴京葱 | 咸鲜带甜滑嫩可口 | |
| 热炒 | 文蛤狮子头 | 咸鲜 | 金黄 | 煎、烧 | 鲜活文蛤猪肉 | 咸鲜香味美 | |
| 热炒 | 回锅猪头脸 | 咸鲜微辣带甜 | 金黄 | 煮、炒 | 猪肉橄榄菜、泡椒等 | 咸鲜微辣略甜味美 | |
| 整菜 | 天麻拆烩鲢鱼头 | 咸鲜 | 米白 | 烩 | 鲢鱼头天麻等 | 咸鲜滑爽味美 | 具食疗作用，对头晕、高血压有效 |
| 整菜 | 香酥猪头脸 | 酥香味 | 金黄 | 蒸、炸 | 猪头脸部 | 香酥味美肥而不腻 | |
| 整菜 | 蟹黄拆烩鲢鱼头 | 咸鲜 | 金黄 | 蒸、烩 | 鲢鱼头河蟹黄 | 咸鲜味美滑嫩 | |
| 整菜 | 红扒拆骨全猪头 | 咸甜鲜 | 金红 | 烧、扒 | 猪头一大只 | 咸鲜香甜肥而不腻 | 配时令绿叶菜和荷叶夹 |
| 整菜 | 开水白菜绣球狮子头 | 咸鲜 | 花色 | 余 | 猪肉、竹荪白菜、虾蓉 | 清汤如水味淡雅 | 每人一味 |
| 美点 | 鲢鱼唇、舌脑、活络烩面 | 咸鲜 | 米白 | 烩 | 活络、舌、脑、唇鲢鱼头汤、龙须面 | 滑嫩脆嫩 | |
| 美点 | 猪头脸扎皮春卷 | 咸香 | 金黄 | 炸 | 猪头、扎皮、笋韭黄、春卷皮等 | 酥香松脆味美 | |
| 生果 | 一品生果 | | | | | | |

# 家常海参

海参属"水八珍"之一，是烹饪中的高档原料，多用于筵席。上海人喜爱海参，特别是虾子大乌参，深受老年人欢迎。而这道菜中的"家常"二字，是指川菜的味型。

【原料】
水发海参500—600克，猪肥瘦肉100克，黄豆芽200克，小菜心6—8棵，青蒜苗30—40克

【调料】
葱50克，姜30克，植物油80—100克，郫县豆瓣辣酱50—60克，高汤700—800克，酱油、精盐、鲜粉、糖、湿淀粉、麻油各适量

【制法】
1.将水发海参洗净，批成上厚下薄、一寸半见方的斧头片。猪肉切成绿豆大小的肉粒，葱姜洗净，黄豆芽掐去根须洗净。青蒜苗洗净，一批二片，切成半寸长的段。
2.炒锅上火放水，将海参下锅烧煮5分钟，捞出用冷水冲洗一次。
3.锅上火烧热，放油20克，将葱姜下锅煸香，放清汤250克，将海参同汤一起煮10分钟倒出。
4.锅上火烧热，加油30克，葱姜末下锅，将肉末下锅同葱姜末一起煸炒，待肉末煸酥后倒在小碗内。
5.锅洗净，上火烧热，加油30克，将郫县豆瓣辣酱煸炒出香味，

放高汤500克，将海参、肉末一起下锅烧开，调中火焖10—15分钟。

6.将另一只锅烧热，放油20克，将黄豆芽煸炒熟，放准调料，倒入漏勺内沥干水分，装在盆内摊平。

7.将海参移到大火上，加准调料收汁，淋上一点湿淀粉，放上青蒜苗，淋上20克麻油，盛起放于盆内黄豆芽上，小菜心洗净后在开水锅内汆一下，捞出围在海参周围，即可上席。

【特点】

色泽红亮，亮油不吐汁，紧裹在海参上，咸中带辣，味浓鲜美。海参软糯，肉粒酥香，豆芽脆嫩爽口，口感层次丰富。

【提示】

海参一定要洗净沙粒，汆水时放一些葱姜、料酒一起煮3—5分钟，捞出再用冷水冲洗一次。煮海参一定要用高汤，家中若无高汤，可买小排300—400克煮汤，小排捞出还可烹制红烧或糖醋小排。

*此菜品由何派川菜传人、中国烹饪大师杨隽制作。*

# 回锅肉海鲜

　　回锅肉是一道真正的四川传统名菜，在四川人人知道、家家会做。上海何派川菜传人何其坤大师将其带到绿杨邨饭店，在四川回锅肉的基础上有所改革创新，很受上海人欢迎。其后，绿杨邨杨隽大厨与其师沈振贤大师又与时俱进，推出"回锅肉海鲜"。这不一样的回锅肉，也代表了餐饮行业不断推陈出新的创新精神。

【原料】
肥瘦相连带皮猪后腿肉约 300 克，海中虾 10—12 只（或鲜鲍鱼 3—4 只），橄榄菜叶 150 克，泡红辣椒 2—3 只（约 50 克），青蒜苗 50 克，老蒜子 2—3 粒

【调料】
熟油 70—80 克，郫县豆瓣辣酱 50 克，甜面酱 50 克，糖 15 克，生抽 10 克，精盐、料酒各适量

【制法】
1.猪肉洗净，刮去皮上细毛，放入开水锅内加葱姜、料酒煮开，用中火煮 20 分钟，煮到皮软捞出，肉皮朝上放平，用砧板压在肉上，待冷透，用批刀批成一分厚、一寸二分宽、一寸半长的肉片。

2.青蒜苗洗净，切成一寸长的段；橄榄菜叶洗净，沥干水分，泡红辣椒去籽洗净，切成一寸见方的块；草虾去头去壳，虾尾留着，从虾背批开，去掉虾肠，加少许盐和半只蛋清拌匀，

加少许干生粉上浆。

3. 炒锅洗净，上火烧热，放油 20 克，将菜叶下锅煸炒两下，倒在漏勺内沥干；炒锅洗净烧热，用油滑锅，倒出油，锅再上火烧热，放 50 克油，烧至四五成热，将虾下油锅划开，即倒在漏勺内沥油；炒锅上火烧热，加油 30 克，烧至七八成热时，将肉片下油锅煸炒成四周微卷呈灯盏窝形状，放进蒜片、郫县豆瓣辣酱煸炒两下，再放甜面酱，加糖炒几下，加生抽、料酒，使调料紧裹在肉片上，放入草虾推翻两下，再将橄榄菜叶和泡辣椒、青蒜苗一起下锅推炒四五下，淋上熟油，即可装盆上席。

【特点】

色泽红亮，红绿相称，咸辣鲜香，略带甜味，色味俱佳。有肉有海鲜有蔬菜，原料丰富，营养美味。

【提示】

猪肉先煮到六七成熟捞出，待冷透后再批薄片，用推拉刀法批片，一定要厚薄均匀。如用新鲜鲍鱼，洗净后用开水泡一下再批片，鲍鱼片要厚一点，每只批成 3—4 片，同橄榄菜叶一同下锅翻炒即可。橄榄菜叶要用手撕。

## 麻婆豆腐海鲜

　　四川成都的麻婆豆腐名闻全国，此菜清朝初期由成都厨师陈森富之妻所创制，现在成都西玉龙街的陈麻婆豆腐由陈麻婆的第三代传人在掌勺，味道还是不错的。几十年前，上海南京东路上的四川饭店和南京西路上的绿杨邨酒家都有麻婆豆腐一菜，都是上海何派川菜的传人掌勺。近来，绿杨邨还创新了麻婆豆腐海鲜，受到食客欢迎。

【原料】

嫩豆腐 350—500 克，牛肉 50—70 克，鲜活蛏子 12—15 只（或鲜贝 8—10 只），小黄鱼肉 50 克，青蒜 30 克，老蒜子 3—4 粒

【调料】

熟油 60 克，麻油 15 克，花椒粉、鲜粉、生抽、湿淀粉各适量，料酒 30 克，葱、姜末各少许，鲜汤 300 克

【制法】

1.将嫩豆腐切成七八分的小方块，放进温开水锅内，用小火烧开，不开大火。牛肉斩成末。蛏子洗净，放进开水锅内快速烫一下，捞出放进冷水盆内，取出蛏肉，去掉内脏，洗净泥沙，捞出沥干水分。小黄鱼去净鱼骨，连皮切成小方丁，用少许胡椒粉、精盐拌匀，放少许干生粉、白糖。葱、姜切成细末，老蒜头斩成末，青蒜苗洗净，批二爿，切成一寸长的段待用。若用鲜贝，洗净后一批两爿，每爿再一切二。

2.炒锅洗净，上火烧热，用油滑锅，将油倒在盆内，锅再烧热，

放油 50 克，烧至五六成热时，将葱姜蒜末下锅煸炒，将牛肉末下锅炒透炒酥，加料酒、生抽、鲜汤烧开。

3.将温水内的豆腐捞出，沥干水分，放进牛肉锅内，用小火慢炖，随后将鱼肉放入，烧 3—5 分钟，放入蛏肉或鲜贝，加准调料，用旺火烧约半分钟，勾上少许湿淀粉，用勺子在锅内轻轻推两下，撒上青蒜苗，再撒上花椒粉，淋上 15 克麻油，装在大汤盆内，即可上席品尝。

【特点】

麻、辣、烫、香、酥、嫩、鲜、活，加入海鲜，营养更丰富。趁热吃，即使在严寒的冬天，也会吃出一身大汗。

【提示】

此菜要贵宾等菜，趁热食更好。

此菜品由何派川菜传人沈振贤和杨隽制作。

# 鲢鱼藏羊

　　此菜鱼羊二味，互为渗透增美，合为一鲜。是上海何派川菜厨师从传统名菜"羊方藏鱼"改变而来，改变后的"鲢鱼藏羊"是川菜中的家常菜，也属家常味型。

【原料】
鲜活鲢鱼1条(约750—800克)，羊肉300—400克，干香菇3—4只，冬笋肉50克，蒜子50克，泡红辣椒2只

【调料】
植物油70—80克，料酒50克，酱油40—50克，葱50克，姜30克，清水500克，麻油30克，郫县豆瓣辣酱50克，糖、盐、胡椒粉、鲜粉各适量

【制法】
1.鲢鱼活杀，刮去鱼鳞，冲洗后，从背部中间批开约二寸长的口子，要批到鱼肚，取出鱼内脏不用，留鱼泡。将鱼肚内冲洗干净，去掉鱼鳃、胸骨，沥干鱼肚内水分待用。
2.羊肉切成一寸半见方的片，葱、姜洗净切小片，放进羊肉内，用料酒、生抽腌渍半小时。
3.香菇泡发后洗净批片，每只香菇批3片；冬笋修净老皮，煮熟，切一寸半长、八分宽、二分厚的片；泡红辣椒去籽，切成一寸长、六分宽的片；葱、姜洗净，姜切指甲片，葱切成段。
4.将羊肉藏入鱼肚内。炒锅上火烧热，用油滑锅后将倒出油，

锅烧旺一点，加 50 克油，烧至七八成热，将鱼下油锅内煎约
1 分钟，鱼翻身再煎 1 分钟，如油不够可再加油，煎到鱼两
面黄色倒出。

5. 炒锅洗净，再将锅烧热，放 30 克油，将蒜子、姜块下油
锅煸出香味，再将冬笋片、香菇片下锅，鱼放在上面，加料酒、
酱油烧开，再放清水 500 克，盖上盖，大火烧开，改中小火烧，
约 30 分钟后看一下汤汁，拿一根筷子从鱼头上戳一下，如爽
快地下去，说明鱼要好了，如硬硬的，说明不到位，再用小
火焖烧 10 分钟。加糖、鲜粉、胡椒粉收汁，见锅内汤汁将收
平时，转小火，不断地转动锅子，防止粘锅，放葱段、姜片，
再淋上 30 克麻油，起锅装在长腰盆内，即可上席。

【特点】
色泽金红，鱼形完美，鱼肉鲜嫩，羊肉酥软腴美，汤汁醇浓，
辣中有咸有甜，甜中有鲜，是冬季佳肴，有滋补功能。

【提示】
鱼不要太大，因为家里没有这么大的锅来烧，且过大装盆有
困难。羊肉买肥瘦相间的，不要皮。烧时汤水要淹没鱼背。

此菜品由何派川菜第四代传人、高级烹调师王志远制作。

# 淮杞桂圆炖草羊

【原料】

羊肉后腿肉 500—600 克，淮山药 50 克，枸杞子 40—50 粒，

桂圆肉 20—30 粒，红枣 5—6 颗，莲子 8—10 粒

【调料】

黄酒 40—50 克，葱、姜各 10 克，精盐适量

【制法】

1. 带皮羊肉斩成大块（6—8 块），下开水锅内煮 5—6 分钟，

捞出冲洗净，放进炖锅内，加开水炖开后去掉浮油，放入洗

净的莲子、淮山药、红枣、桂圆肉，加黄酒、葱姜，盖好盖，

用小火炖焖 2 小时。

2. 去掉葱姜，加调料，如汤汁不够，可适当再加一点开水，

盖好盖烧开，再用小火慢炖半小时，见羊酥烂即可。

3. 待冷放进冰箱内，每天取一点羊肉和配料炖热食用，分 3—

4 天食完。一个冬天连炖 3—4 次进补，对身体有益无害。

【特点】

羊肉酥软，汤汁鲜美，略有甜味。羊肉内的配料对人体都有益，

有补肾、补血、补气、补力等功能，既当菜又当滋补品。

【提示】

羊肉的皮含有很重的胶质，消化功能差的人，不要用草羊，

可买去皮羊肉。羊肉与绿叶蔬菜一起食用，更有利于吸收。

# 无字带子上朝

【原料】

墨鱼仔500克，青、红辣椒各30克

【调料】

葱、姜各30克，清油50克，料酒30克，精盐、鲜粉、胡椒粉、湿淀粉、麻油各少许

【制法】

1.墨鱼仔洗净；青红椒去籽洗净，切成小块；葱姜洗净，葱切半寸长的段，姜去皮切指甲片。

2.炒锅上火，放清水500克烧开，将墨鱼仔氽开，捞出放进冷水再洗两次，捞出沥干水分。

3.炒锅洗净，上火烧热，放油50克，将葱姜下锅煸出香味，将青红椒、墨鱼仔下锅煸炒，加料酒再炒1—2分钟，加准调料，淋上少许湿淀粉勾芡，再淋少许麻油，即可装盆上席。

【特点】

色泽美观，脆嫩味鲜，营养丰富，有嚼劲。

【提示】

墨鱼仔要多洗几次，肠胃和嘴内牙齿都要挖掉。此菜是品尝性菜肴，不要太咸。

# 蜜汁火方

　　火腿在中国菜肴中用途很广泛，可当主料，也可当配角，亦可当调料吐味给无味原料，还可制作冷菜中的"排南""批南""细南"双拼、三拼等。一只火腿可分为五个部位：火爪、滴油、上方、中方、火瞳；上方、中方最好。

【原料】
金华火腿1块约1000克(实际可用700—800克,修去边角料另用,实用300—400克），干莲子100克，荷叶花卷10—12只
【调料】
冰糖250克，上好黄酒100克，葱50克，姜30克

【制法】
1.将火腿放进温水盆内泡2小时，放一点石碱，用小刷子把火腿内外洗净，用冷水冲洗干净，放进开水锅内烧开，盖上锅盖，用小火煮1小时，水要多放一点，盖过火腿；捞出冲洗后修去火腿皮、肥膘和老筋等，再放进开水锅内煮10—15分钟。
2.将火腿捞出放进深盆，放50克黄酒，葱洗净，姜去皮切片，放在火腿上，上笼用旺汽蒸1小时，取出火腿放在平板上，再用平板压在火腿上，上面压3—4斤重物，压2小时后取出，将火腿切成一寸半长、三分厚的块，排在碗内，加黄酒50克、冰糖200克，用保鲜纸封好碗口，上笼用旺汽蒸40—50分钟。
3.莲子洗净放在碗内，放100克清水，用保鲜纸封好口，上笼用旺汽蒸30分钟，蒸酥，取出待用；将火腿取出尝一下味道，

如咸味很少、甜味重过咸味，说明已蒸好。

4.将火腿内汤汁滗在洗净的锅内，加50克冰糖，用小火熬成浓汁。将火腿排在圆盆中间，蒸好的莲子围在火方四周，锅内的冰糖浓汁浇在火方和莲子上面，荷叶卷蒸热，围在盆边，即可上席。

【特点】

造型美观，色彩饱满，甜香味醇，用荷叶卷包着吃，风味独特。此菜扬帮菜中有，苏帮菜中也有。各帮师傅各有千秋，有的用火瞳制作，有的用上方制作，但滋味基本相同，主要不是吃咸鲜味，而是甜香酥软中有点咸鲜。过去都是公馆人家、官府人家的老太爷和老太太要吃火腿，但老人家牙齿不好，所以厨师千方百计动脑筋，而创出此菜。

【提示】

购火腿，猪爪要细小，要精多肥少，腿心要饱满，油头要小，无红斑，损伤少，香气浓。火腿制作的菜肴，除汤菜外，不会煮得太酥软，软后不香不鲜。蜜汁火方在制作中要使火腿吐出咸味后，再加黄酒、冰糖，蒸熬出香味和甜味。用火腿制作菜肴，主要取其鲜香风味，以清利见长，在烹调中有几点需要注意：1.不可少汤或无汤烹制，如干烧、干煸、干烹等；2.不宜用酱、卤等法，也不宜用酱油、醋、八角、桂皮、小茴香、咖喱、五香粉等香料；3.不能用色素；4.不宜粉芡，除少数如贴、塌、煎、炸、拔丝等，不宜挂糊、上浆，个别烩的菜肴用芡时也要勾得薄一点，不宜勾厚芡；5.除牛筋、羊蹄筋之外，不宜与牛、羊类原料配用。

此菜品由何派川菜第四代传人、高级烹调师吴霖芳制作。

## 燕窝鸽蛋

　　燕窝的制造者当然是燕子，但并不是常在屋檐下筑巢的家燕，而是一种金丝燕，尾巴比家燕短小，其用嘴黑吐出的唾液凝结成巢即为燕窝。

【原料】
燕窝 50 克，新鲜鸽蛋 10 只，冰糖 200 克，清水 700—800 克

【制法】
1. 将燕窝用冷水泡 4—5 小时，拣掉小羽毛和杂草梗，洗净捞出，放进开水内泡发 1 小时，捞出放进蒸碗内，放开水 300 克，上笼蒸 40—50 分钟，加冰糖融化待用。
2. 将鸽蛋氽成八成熟，盛在蒸好的燕窝内，分成 10 小碗，鸽蛋放在燕窝上，每只鸽蛋上面可点缀一些花草图案，供 10 位贵宾当点心。

【特点】
色泽美观，清香甜蜜，滑嫩爽口。燕窝、鸽蛋营养丰富，最适合女性食用，有滋阴养颜、润肺止咳功效。

【提示】

鸽蛋制作最好用小口碗，每只鸽蛋敲在小口碗内，上笼用小
汽蒸 3 分钟，取出装在燕窝上面上席。家中若无条件，也可
将鸽蛋带壳放进冷水内，用小火慢慢烧开，约烧 10 分钟捞出，
放进冷水内浸一下，去掉蛋壳，成白煮鸽蛋，每人一只，再
分燕窝食用也可。

# 怪味兔丁

"怪味兔肉"的复合味型是川菜的独特风味。川菜怪味型的产生和发展也很有意思。从前有些经营小本生意的地方小贩，他们一手提着竹篮，一手提着怪味汁，走街串巷叫卖"怪味兔肉"。人们买一块兔肉，蘸着怪味汁食用，觉得味道十分别致，麻、辣、咸、酸、甜、鲜、香，各种滋味兼具，就给它取名"攒味兔"，也称"串味兔"，意思是各种调料都串在一起。后经慧心的厨师改良，将兔肉切小块装盆，增加了调料，使味道更丰富。所谓奇怪多味，就干脆取名为"怪味"。

【原料】

新鲜去皮带骨兔子后腿 1 只（400—500 克），炒熟花生米 100 克

【调料】

香葱白 50 克，姜 40 克，花椒粉 5—6 克，油酥辣子酱 40 克，蒜子 20 克，绵白糖 15 克，红油 15 克，麻油 10 克，芝麻酱 15 克，生抽、精盐、鲜粉、豆豉末、芝麻粒各适量，料酒 25 克，米醋 25 克，糟蛋黄 1 个

【制法】

1. 将兔腿肉放进冷水内漂洗 2—3 次，放进开水锅内煮 2—3 分钟，捞出冲洗一下。

2. 锅洗净上火，放清水 500—600 克，将兔肉放进锅内，加料酒、葱、姜烧开，盖上锅盖，用小火焖烧 40—50 分钟，捞出待用。

3.蒜子、葱白洗净，姜去皮洗净，吹干水分，斩成细末，将葱姜末放在小碗内，配上芝麻酱、酱油、糖、醋、鲜粉、花椒粉、油酥辣子、豆豉末调成怪味汁，加红油、麻油、芝麻、蒜末，待用。

4.兔肉拆去骨头，切成四五分见方的丁，放在碗内。将调好的怪味汁拌在兔肉内，再拌入熟花生米，即可装盘上席。

【特点】

这是上海何派川菜在"攒味兔"的基础上进一步改良制作的。一菜中有十四五种滋味，各种滋味互不相压，味道十分独特，体现了何派川菜七滋八味的特点。

【提示】

葱白、姜要斩成蓉状，再和调料一起拌匀，加入兔肉内。兔肉不要煮得太酥，有八九成熟就可捞出，冷后拆骨切丁待用。兔肉汤和兔骨头，可放萝卜和大白菜制成汤菜食用。在烹调前兔肉必须洗净，免得兔子的细毛沾在兔肉上。将兔子尾部的生殖器官、排泄器官及各种腺体用小刀割净，以免兔肉有骚臭气味，影响菜肴质地。

*此菜品由何派川菜第五代传人、高级烹调师叶晓敏制作。*

# 酸菜鱼片汤

【原料】

鲜活黑鱼 1 条（约 1000 克），酸菜 400 克（修去老根和边叶后约 300 克）

【调料】

清油 50—60 克，葱、姜、料酒各 30 克，干红辣椒 5—6 只，花椒粒 20—25 粒（如用青花椒，则 15—18 粒），鸡蛋清 1 只，精盐、鲜粉、胡椒粉、干生粉各适量

【制法】

1.黑鱼打理干净，去头去尾留用，从鱼背部直刀批成两片，取出龙骨、肋骨和肚裆，将鱼皮和小骨刺都修净。将两爿鱼肉泡进冷水盆内待用。鱼头一斩两爿，鱼皮、鱼骨等斩成块，冲洗干净，捞出沥干水分。酸菜清洗两次，泡在冷水内。葱姜洗净，姜去皮，切成片。

2.炒锅上火烧热，用油滑锅，将油倒在油盆内，锅再上火烧热，放油 40 克，将葱姜放入煸炒两下，将鱼头杂料下油锅煸炒约 1 分钟，加料酒、清水 1500—2000 克，用旺火烧开，盖上锅盖，烧 4—5 分钟，调中火烧 7—8 分钟，再用旺火烧 4—5 分钟，揭开锅盖，见锅内汤呈白色，变成浓汤，用勺子翻动几下，若鱼头都烂成糊了，将鱼汤全滗出，装在大汤碗内。汤的量至少要 1200 克，若不到 1200 克，再加 500 克清水，用旺火烧开，见汤色变浓，滗出 200 克，加在原汁汤内待用。干辣椒去籽，和花椒粒一起放进鱼汤内。

3. 将鱼肉捞出，切成一寸半长的鱼段，再批成一寸宽、二分厚的鱼片（横批），放在碗内，加少许盐、鲜粉、鸡蛋清，搅拌成糊状，加一汤匙干生粉，拌上劲，使每一片都有浆（待用）。再将酸菜捞出，挤干水分，批成一寸半长的片，放进开水锅内，用旺火氽开，快速捞出，沥干水分，放在大汤碗内。将鱼片逐片放进开水锅内氽熟，捞出放在酸菜上。

4. 待鱼片全部氽好，将锅洗净，将鱼汤下锅烧开，再加油烧1—2分钟，加准调料，将烧开的汤浇在鱼片上，即可上席品尝。

【特点】

此菜粗料细作，既可下饭，又可下酒，既可当菜，又可当汤。原汁原味，汤白而浓，味香鲜美，鱼肉滑嫩，酸菜脆嫩，咸鲜麻辣，香味醇厚。如果喜欢口味重一点，可以跟上一小碟麻辣酱料，蘸着鱼片，味更美。

【提示】

此汤菜原料简单，制作不难，主要是制作过程中要认真细心。鱼要鲜活，切鱼片时厚薄要均匀；酸菜洗净，要注意口味，因为酸菜是有咸味的。

此菜品由上海何派川菜第四代传人、高级烹调师陈林荣制作。

## 珊瑚白菜

俗话说:"百菜不如白菜。"白菜古称"菘"。陆佃《埤雅》云:"菘性凌冬晚凋,四时常见,有松之操,故曰菘。"菘之为菜,具有四时常青、营养丰富、菜质软嫩、清爽适口等特点。

【原料】

天津白菜(净)500—600克

【调料】

盐25—30克,白糖100克,米醋60—70克,植物油25克,泡红辣椒15克,嫩姜10克,干辣椒5克,花椒粒15粒

【制法】

1.白菜洗净后沥干水分,顺长切成二分宽、三寸长的条,白菜叶尽量少一点,放入盆内撒上盐,菜上重压二三只盆子(使其容易出水),腌5—6小时,腌到白菜软透后取出,再用冷开水洗清一次,捞出挤干水分,盛入盆内。

2.泡红辣椒去掉籽,切成粗丝,姜去皮,切成细丝,放在白菜上面。

3.锅上火烧热,放油烧到八成热,放干辣椒和花椒粒,炸成紫褐色,散出香味时,连油带辣椒、花椒全倒入白菜内。

4.锅内放糖和米醋,一起融化后,连醋带糖汁倾入白菜内,再泡6—8小时后取出装盆食用。

【特点】

淡金黄色，酸甜咸辣，脆嫩爽口。冬季可存放3—4天不变质。

【提示】

大白菜在制作菜肴时应配上一些有滋味的食材，如猪瘦肉、鸡肉、开洋、干贝、咸肉、火腿、肋排等，使无味的食材吸进有味食材的滋味，使菜肴更美味营养。制作珊瑚白菜时，腌制过的大白菜丝要挤干水分，散开，再将糖和米醋融化后淋在菜丝上，用平盆压好，6—8小时后可装盆食用。各种滋味要均匀，酸甜、咸鲜、微辣、微麻，互不相压。

此菜品由何派川菜第五代传人陈燕来制作。

# 野鸭煲饭

　　美食家唐鲁孙曾经在文章中回忆，上海绿杨邨一到冬至就添上野鸭煲饭、沙堡原盅，一掀锅盖，饭香菜香扑鼻，鲜香酥润，无与伦比。听说煮野鸭饭的香粳米和野鸭都是从扬州和高邮运米的，制作野鸭饭的也是一位扬州盐官家的厨娘，每年冬季应聘到上海绿杨邨专门做野鸭饭，一到年底封灶回扬州过年，明年冬季再见。现在不知哪里还能吃到野鸭煲饭，不妨跟着笔者一试。

【原料】
光野鸭 1 只（700—800 克），猪瘦肉 100 克，火腿 50—60 克，香菇 30 克，小棠菜 500 克，香粳米 600—700 克

【调料】
熟猪油 100 克，精盐、鲜粉各适量，白胡椒粒 10 粒，料酒 50 克，葱、姜各 30 克

【制法】
1.粳米淘洗后，在清水中浸泡 3—4 个小时，捞出沥干水分。野鸭打理干净，一斩四块，连同鸭胗、鸭肝、鸭心、猪瘦肉、火腿等都放进开水锅内煮 3—5 分钟，捞出放进冷水盆内冲洗 2—3 次，再捞出放进蒸盆内，放开水 500 克，加料酒、葱姜、白胡椒粒，用保鲜纸封好盆口，上笼用旺汽蒸 60 分钟，取出去除葱姜，将所有食材捞出待凉。
2.香菇泡软洗净，捏干水分，切成三四分大小的丁，泡在鸭汤内。

将野鸭的鸭胸肉和鸭腿拆下，切成五分大小的丁，鸭肝、鸭心等都切成五分大小的丁，猪瘦肉、火腿切成四五分大小的丁，与鸭肉放在一起。

3. 炒锅洗净，上火烧热，放猪油30克，放入青菜，煸炒至半熟，摊开在平盆内待用，防止其变黄。

4. 将鸭汤连香菇丁一起倒在炒锅内，鸭肉等都放进锅内烧开，再将粳米倒入锅内烧开，加适量盐和鲜粉拌匀，装入砂锅或电饭煲内，盖上盖，烧开约2—3分钟，加入青菜，调中火焖烧3—4分钟后再调小火焖5—6分钟。焖烧时，双手不断转动砂锅，使砂锅四周的食材全熟透，有香味出现。

5. 连锅上席，揭开锅盖，盛在小碗中给每位宾客品尝。多余的鸭架等斩成大块，放点大白菜、粉丝或毛山药，放1000克开水，煲一大碗鸭汤，可供饭后品尝。

【特点】

米饭软糯滑爽，野鸭香气扑鼻。锅底金黄色的锅巴更香，烧泡饭有嚼头，味更美。

【提示】

煸至半熟的青菜放入砂锅后，调中火焖3—4分钟后转小火再焖5—6分钟，一边不断转动砂锅，要保持青菜不黄。野鸭饭上桌前，炒锅洗净，上火烧热，将50克猪油倒入锅内，烧至六七成热，浇在野鸭饭上，用筷子快速搅拌后再上席。若无野鸭，可选用家鸭做家鸭煲饭，方法一样。

# 香菇素菜包

香菇素菜包是百年老字号扬州富春茶社的淮阳名点，与三丁包、水晶包一起，成为该茶社的"三大包子"。香菇素菜包传入上海后，即被认同，以其外观色泽洁白、口感松软、馅心碧绿油润、咸鲜微甘等特色，深受上海食客喜爱。

【原料】
青菜 1500 克，干香菇 100 克，精白面粉 600 克
【调料】
葱姜末 15 克，白糖 40 克，泡打粉 5 克，酵母 5 克，温水 200 克，油、盐、味精适量

【制法】
1.青菜拣去老叶，清洗干净，放入沸水锅中焯水，迅速捞出，入冷水激凉，捞出沥干水分，切成黄豆粒大的菜末。干香菇泡软，除去老根，洗净沥干水分，切成细粒。
2.炒锅上火烧热，放入 50 克食用油，入葱姜末，用文火煸出香味，倒入香菇粒、青菜末，放入适量盐、糖等调料炒匀，淋上麻油，即成馅料。
3 将面粉倒入盆内，放入泡打粉、酵母，加温水 200 克，拌匀揉透，直至面团光滑不粘手，静置待其发酵。
4 将发酵后的面团搓成直径约一寸的面团条，平均摘成 20 个小面团，揿扁，用擀面杖擀成中间厚、四周薄的面皮，包入馅心，沿边捏褶裥，即成生的香菇素菜包。

5 将生的素菜包放入笼屉，用旺火沸水蒸10分钟即可。

【特点】
制成的包子外形饱满，每只褶裥约20条，纹理清晰，馅心居中，面皮厚薄均匀。

此香菇素菜包由紫金山大酒家扬帮高级点心师陈忠制作。

# 成都名小吃

### 钟水饺

　　钟水饺又称红油水饺，是四川成都的名小吃之一。由于饺子皮薄馅鲜，其味尤佳，因此闻名全国甚至全世界。

　　饺了皮和馅心在此就不具体介绍了，现在各家超市和点心店的饺子五花八门，可以直接购买。这里主要说一下钟水饺的蘸料，这也是钟水饺区别于其他饺子的特色所在。

【蘸料制法】

1.生抽500克，加红糖100克，再将八角、山奈、草果、肉桂共50克，用纱布包好，放进生抽锅内，用小火慢熬30分钟，熬的过程中用勺不断搅动，以免溢出。起锅放一点鲜粉，即成咸鲜黏稠、略带甜味的红酱油，再滴少许上好的鲜果酱油，即成复制混合酱油。

2.蒜头去皮，剁成蒜泥，用冷开水调匀，成稀糊状。5克蒜泥，配上复制酱油和红油各15克，调成一小碟，同煮熟的水饺同上，就是成都特色小吃钟水饺。

【提示】

此蘸料也可用于蒜泥白肉、红油拌腰片、龙抄手和其他红油味型、蒜泥味型的菜肴或小吃。需要注意的是，红油味型的菜品以红油多一点、蒜泥少一点；反之蒜泥味型的菜品，则蒜泥多一点、红油少一点。红油味是咸辣鲜香，蒜泥味是咸鲜、蒜香味突出、略带甜味，两种味型千万不要混淆！

此款小吃由高级点心师陈忠制作。

### 赖汤圆

四川成都的名小吃中还有一道"赖汤圆"。

赖汤圆实际上和上海的小汤圆并无二致，市面上到处有售，不论生熟。但成都的赖汤圆在吃法上与我们上海的汤圆有所不同。汤圆的具体制作过程在此不说，原料和制作方法同上海的汤圆没有大的区别，就是吃法不同。一是赖汤圆没有咸的，只有各种甜的馅心，如细沙、芝麻、玫瑰、桂花蜜等。煮熟的汤圆上席时，跟上两小碟蘸料，一是绵白糖，一是调稀的芝麻酱，赖汤圆是蘸着白糖和芝麻酱食用的。

赖汤圆的特点是汤清不浑，很多消费者都用"入口香甜，嚼时细嫩"这八个字来称赞它。

# 栗子白菜

栗子富含优质碳水化合物和维生素 B1、B2，其中维生素 B2 比大米要多四倍，还含有钾、镁、铁、锌、锰等微量元素和丰富的不饱和脂肪酸，是延年益寿抗衰老的滋补佳品。

【原料】
鲜板栗 200 克，新鲜大白菜 500 克，鲜汤 300 克
【调料】
精制油 50 克，精盐、鲜粉、胡椒粉、湿淀粉各适量

【制法】
1.将带皮生栗子切成十字刀口，用清水洗一下捞出，放进开水锅内煮开约 1 分钟，捞出趁热剥外皮和内衣膜待用。
2.大白菜取菜心和中间较嫩部位洗净，沥干水分，直切开半寸宽、三四寸长的条状，放进开水锅内氽开捞出，沥干水分。
3.炒锅上火烧热，放油烧至五六成热，将白菜排齐放进油锅内煸炒两下，加鲜汤。
4.将栗子一起放进锅内，用旺火烧开，调中火烧 3—4 分钟，待白菜熟透酥软，加准调料，加适量湿淀粉勾芡，淋上少许明油即可装盆。装盆时白菜排齐在盆内，卤汁栗子浇在白菜上面。

【特点】
白菜洁白，软糯鲜美，栗子金黄，松软鲜香，是秋冬季节一道公馆素菜佳肴。

【提示】

家中若无鲜汤，亦可用清水代替。家中自食，大白菜切一二寸长也可，但若贵宾来食，切三四寸长条较为美观。

## 琉璃核桃

　　核桃又名胡桃，在我国亦有长寿果之称。其含义盖有二：一是说核桃树本身寿命长，可连续存活和结果数百年之久；二是其果肉营养丰富，于人有强肾补脑之功，能令人长寿。长食核桃，通润血脉，骨肉细腻，补气养血，润燥化痰，温肺润肠。

【原料】

核桃仁 500 克

【调料】

清油 500 克（耗 40 克），白糖 150 克，精盐、白芝麻各少许

【制法】

1. 将核桃仁放进开水盆内，加少许盐，浸泡 10—15 分钟后，用竹签将核桃仁表皮剥去，再用开水泡洗一次，捞出待用。

2. 炒锅洗净，上火烧热，放清水 100 克、放糖 150 克，将核桃仁放进糖水内，用中火慢慢烧开，约烧 5—6 分钟，待糖水烧干、糖酱汁包裹在核桃仁上即关火。

3. 炒锅洗净，上火烧热，放清油 500 克，烧至四五成热时，将核桃仁放进油锅内，用小火炸，并用勺子不断推动桃仁，炸至金黄色时，快速捞出，沥干油，撒上白芝麻，摊开，冷却后即可装盆上席。

【特点】

色泽金黄，香酥脆甜。此核桃菜品可作为宴席上冷菜上桌，又可当休闲零食和旅游食品，既是菜肴，又可作为滋补品。

【提示】

炸时要掌握好油温，不要太旺，四五成热时下锅，用勺推两下即调小火，1分钟后即可捞出沥油。撒上白芝麻，摊开冷却后，可装广口瓶内，作为保健品，平时每天品尝4—5颗。

此菜品由何派川菜第四代传人、高级烹调师黄方琪制作。

# 郊园干贝

【原料】

干制品干贝 60—70 克，小棠菜 800 克，高汤 200 克

【调料】

清油 60 克，精盐、鲜粉、胡椒粉、湿淀粉、料酒、葱姜等各适量

【制法】

1. 干制品干贝在冷水内泡 3—5 分钟，捞出剥去边上一小片老根，再放进碗内，加少许料酒、葱姜和 100 克开水，用保鲜纸封好碗口，上笼用旺汽蒸 30 分钟，取出去掉葱姜，将干贝撕成粗丝，放进干贝汁内待用。

2. 小棠菜选用中间嫩菜心约 20 棵，洗净沥干水分。炒锅洗净，上火烧热，放清油 50 克，将菜心用旺火煸炒透，加高汤 100 克烧透，捞出排在盆内。

3. 炒锅洗净，加高汤 100 克，将干贝连汁一起下锅烧开，加准调料，淋上适量湿淀粉勾薄芡烧开，盛在菜心上，淋上少许清油，即可上席品尝。

【特点】

软糯滑爽，味道鲜美。

【提示】

菜心要修成大小均匀。制作时要用旺火，既要使菜心酥软，

又要保持青绿色泽。

此菜品由上海何派川菜第四代传人、高级烹调师陈林荣制作。

# 蜜汁瑶柱

【原料】

干制瑶柱 100—120 克（要整只，15—18 只），红枣 15—18 颗，冰糖 100 克

【调料】

料酒、葱姜各少许，清水 100 克

【制法】

1.将整只瑶柱用冷水泡 3—5 分钟，捞出剥掉边上一小片老根，排在碗内，放料酒、葱姜、清水等，再放冰糖 50 克，上笼用旺汽蒸 30 分钟，取出去掉葱姜，并将瑶柱内汤汁滗出待用。再放开水 100 克、冰糖 50 克，用保鲜纸封好碗口，上笼再用中汽蒸 30 分钟待用。

2.红枣选大小均匀的，用冷水泡半小时，洗净，并将枣核取出，将红枣放进碗内，放开水浸没，用保鲜纸封好碗口，上笼用旺汽蒸 30 分钟取出。

3.取出瑶柱，将汁倒在锅内，将瑶柱反扣在盆内，将红枣取出，围在瑶柱周围。

4.锅内汤汁烧开，淋上少许湿淀粉勾芡，再淋在瑶柱和红枣上面，即可上席品尝。

【特点】

这是一款高规格甜菜，微甜微咸，如用淡味的刀切小馒头夹食，味道更佳，与蜜汁火方有异曲同工之味。

【提示】

红枣核一定要挖掉，注意安全。上笼蒸瑶柱时要注意蒸酥，但不要蒸碎蒸糊，以免影响造型。

此菜品由何派川菜第四代传人、高级烹调师李江制作。

# 香酥干贝

【原料】

干制品干贝 150 克，龙虾片 12—16 片

【调料】

精制油 300 克（耗 100 克），葱姜、料酒、鲜椒盐粉各适量

【制法】

1. 将干制品干贝在冷水内浸泡 3—5 分钟，捞出剥去边上一小片老根，放在碗内，加料酒、葱姜和 200 克清水，用保鲜纸封好碗口，上笼用旺汽蒸 50—60 分钟，取出去掉葱姜，捞出干贝，撕成粗丝，摊在盆内晾干。干贝汤汁存放在冰箱内另用。

2. 炒锅洗净，上火烧热，用清油滑锅，将油倒在油盆内，锅再上火烧热，放油 250 克，烧至五六成热时，将龙虾片下锅，炸发透后关火，将龙虾片快速捞出，沥干油，装盆。

3. 油锅开火，烧至四五成热时，将干贝丝撒在油锅内，用筷子快速搅散，不断翻动，见干贝丝浮在油面上，关火后快速用漏勺捞出，沥干油，装在盆中央，撒上少许鲜椒盐粉，再将龙虾片围在干贝丝周围，即可上席品尝。

【特点】

干贝丝金黄，龙虾片淡红，外松脆内酥软，鲜香味美。

【提示】

干贝丝一定要晾干，不能有汁水，炸时要快速翻动。干贝汁可烧其他素菜。此菜属热菜，要贵宾等菜，趁热食用。

此菜品由何派川菜第四代传人、高级烹调师李江制作。

# 豆苗干贝松

【原料】

干制品干贝 150 克，新鲜豌豆苗 500 克（选用嫩头约 150 克）

【调料】

清油 400 克（耗 100 克），葱、姜、料酒各 30 克，鲜椒盐粉适量

【制法】

1. 将干制品干贝在冷水中浸泡 3—5 分钟，捞出剥掉干贝边上一小片老根，再放在碗内，加开水 100 克，料酒、葱姜各适量，用保鲜纸封好碗口，上笼用旺汽蒸 30—40 分钟，取出去掉葱姜，捞出干贝，撕成细丝，摊在圆盆内晾干待用。豌豆苗洗净，沥干水分，取嫩头约 150 克。

2. 炒锅洗净，上火烧热，放清油 200 克，烧至五六成热时，将干贝丝下油锅内炸，用筷子不断翻动，待炸至松脆时快速捞出，沥干油。

3. 将锅内油倒在油盆内，锅再上火烧热，放清油 200 克，烧至五六成热时，将豆苗下油锅内炸，火要旺一点，见豆苗松脆，快速捞出，沥干油。

4. 将炸好的干贝丝装在圆盆内，豆苗松围在干贝丝周围，撒上鲜椒盐粉，即可上席品尝。

【特点】

色泽深绿加金黄，口感酥松，味香鲜美，略有辣味。

【提示】

干贝丝要粗细均匀，下油锅炸时要用筷子快速翻动，以免粘在一起。

此菜品由何派川菜第四代传人、高级烹调师王志远制作。

# 三色干贝松

【原料】

干制品干贝 100 克，橄榄菜叶 100 克，胡萝卜 200 克

【调料】

清油 400 克（耗 100 克），鲜椒盐粉、料酒、葱姜各适量

【制法】

1. 将干制品干贝在冷水中浸泡 3—5 分钟，捞出剥掉干贝边上一小片老根，再放在碗内，加清水 150 克，料酒、葱姜各适量，用保鲜纸封好碗口，上笼用旺火蒸 50—60 分钟，取出去掉葱姜，捞出干贝，撕成细丝，摊在平盆内吹干待用。干贝汤汁放在冰箱内另用。橄榄菜叶洗净，吹干水分，切成丝待用。胡萝卜洗净去皮，切成细丝待用。

2. 炒锅洗净，上火烧热，用油滑锅，再将 200 克油烧至四五成热，将干贝丝撒在油锅内，快速用筷子不断搅动，防止干贝丝粘在一起，见呈金黄色时捞出，沥干油，装在盆内。

3. 锅内油倒出，锅再洗净，上火烧热，放清油 150 克，烧至五六成热时，将菜丝下油锅内，同样用筷子快速搅翻，见菜丝卷起，快速捞起，沥干油，装在盆内。

4. 再将锅内油倒在油盆内，炒锅洗净，上火烧热，放清油烧至六七成热时，将胡萝卜丝下油锅炸，快速用筷子不断翻动，见胡萝卜丝浮起在油面上，捞出沥干油。

5. 取圆盘一只，将干贝松装在盆中央，再将菜松围在干贝松周围，胡萝卜松围在菜松外圈。撒上适量鲜椒盐粉，即可上席品尝。

【特点】

三种色彩，三种滋味。酥松香脆，味道鲜美。此菜品作冷菜上席，略有咸辣味。

【提示】

炸菜丝的油不能再炸胡萝卜丝，炸干贝的油也不能炸菜丝，但这些油最后还可以放在一起烧其他菜肴。一定要突出三种色彩，炸时要掌握好油温，动作要迅速。

此菜品由何派川菜传人、中国烹饪大师杨隽制作。

# 干贝和干贝菜肴

我国沿海均产扇贝、海扇、扁扇等扇贝科贝类，古代又称江珧，其前闭壳肌退化，后闭壳肌肥大，取下即为鲜贝，色白嫩，肉质脆。鲜品加工成干制品收缩后，呈淡黄色至老黄色，质地坚硬，称干贝，又称瑶柱、肉柱、肉芽、海刺等，是所有闭壳肌中质量最好、应用最多的品种。改革开放以来扇贝有人工养殖，并有听装制品。

贝类的闭壳肌均能制成干制品，常用的鲜贝干制品有七八个品种，各地所产质地和形状也有所不同，其中干制品大海红肉柱，体较干贝大，肌纤维较粗，风味也逊于干贝。带子为扇贝科日月贝的闭壳肌，也称日月螺、带子螺、飞螺等，我国多产于南海，尤以北海湾为多，大都是鲜品食用，也有干制品带子，如新版一元硬币大小，肉质厚，色淡黄而有光泽，食用时也要泡发，味亦美，近似干贝。

我国产的干贝有两广干贝、长山岛干贝、丹东干贝、石岛干贝等，国外产的有日本北海道干贝、俄罗斯干贝、朝鲜干贝等。国外以日本产的较好，而我国山东石岛所产干贝品质最优，其粒形不大，干肚圆满，大小均匀，呈浅黄色，肌纤维细致紧密，嫩糯味美，具回甘鲜味。

我国食用干贝的历史很早，古人曾说：食后数天，犹觉鸡虾乏味。这是因为干贝中富含酰胺肽、谷氨酸和琥珀酸等多种呈鲜物质所致。

干制品干贝食用前必须泡发。50克干制品干贝，加100—150克冷水，放少许料酒，浸泡40—50分钟，用保鲜纸封好碗口，上笼用旺汽蒸50—60分钟，取出撕去干贝体侧的一小块硬柱（或称硬脐、硬根），再将蒸好的干贝捏成粗丝，泡在浸干贝的汤汁内，用保鲜纸封好碗口，放冰箱冷藏待用，亦可放速冻内。干贝和干贝汤汁鲜美无比，可当鲜剂，配上无味的食材烹制菜品，除花胶、鱼唇、鹿筋、驼峰等山珍海味外，还可配上白萝卜、豆腐、丝瓜、冬瓜、粉皮、菜心、大白菜等，使无味的食材增味，提升菜肴规格。食用干贝和干贝汁的菜品，多以烩烧、清蒸、清汤为主，不能放酱油，如芙蓉干贝、干贝丝瓜、干贝冬瓜球、干贝萝卜球等。干贝也可单独成菜，如绣球干贝、好市庆金元宝、蚝油干贝、蜜汁干贝、干贝松等。干贝除可作冷菜、热菜、大菜，还可制成甜品和点心馅料。

一般新鲜干贝1500—2500千克，可加工成干制品干贝500—600克，故干制品价格昂贵，属高档原料，多用于高档宴席上首菜，或公馆和官府人家宴席上的名特菜品。干贝具营养、滋补、保健功能，每100克干制品干贝或带子，含蛋白质63.7克、脂肪3克、碳水化合物15克、磷88.6毫克，医学界还发现鲜干贝中含有一种糖蛋白，具有较强的抗癌作用。

需要注意的是，干贝与香肠不能同食，因干贝含有丰富的胺类物质，香肠含有亚硝酸盐，两种食物会结合成亚硝胺，影响人体健康；干制品干贝不可过量食用，否则会影响肠胃消化功能，难以消化吸收；干贝蛋白质含量高，多食可能会引发皮疹。

# 芙蓉鳖丹

鳖丹是甲鱼的一对睾丸,这是笔者从师傅口中得知的叫法。四十年前,有位日本商人从东京打电话来问我们绿杨邨酒家有没有熊掌,有没有鳖丹。当时接电话的问笔者,笔者说有的,但要预订,价钱很贵的,熊掌要 700—900 元,鳖丹要 400—500 元。日本商人就预订了这两道菜肴。熊是特级保护动物,熊掌在三十多年前就没有了,鳖丹原料现在还是有的。

【原料】

新鲜鳖丹 8 对,鸡蛋清 3—4 只,鸡尖 2 根,熟火腿 25 克,口蘑 50 克,小嫩菜心 5—6 棵,原汁鸡汤 800—1000 克

【调料】

精盐、鲜粉、料酒、胡椒粉、葱姜汁、干生粉各适量

【制法】

1. 将公甲鱼内的两个睾丸取出,放在冷水中漂洗干净,捞出放进锅内,用小火慢慢煮开,捞出用冷水泡一下,放进碗内,放少许料酒、葱姜汁和 100 克清水,上笼用中汽蒸 30 分钟,取出待用。

2. 鸡尖去掉油筋等杂物,用刀背敲成鸡蓉,放进碗内,加少许盐、胡椒粉、鲜粉和 20 克冷鸡汤调成糊,放一点干生粉拌匀待用。

3. 鸡蛋清打成泡,将鸡蓉调进蛋泡内,取八只小碟洗净,抹上几滴清油,将蛋泡装在小碟内,刮平,每碟放一对蒸好的鳖丹在蛋泡糊上,用中汽蒸 3—4 分钟。

4.菜心、口蘑洗净，口蘑切片，放进开水锅内煮熟，捞出装在大汤碗内。

5.将鸡汤烧开，撇去浮油，加准调料，装进大汤碗内，再将蒸好的蛋清鳖丹刮在汤内，撒上火腿末，即可上席品尝。

【特点】

造型美观，汤清味鲜，清雅滑嫩。

【提示】

此菜品不适合青少年人群食用。

# 开水白菜

　　开水白菜，这款异乎寻常、不合菜肴命名原则的菜式，能够成为当今川菜中的一款高档名菜，似乎令人费解。近几年来，上海有不少食客似乎都想品尝一下这款不麻不辣的传统名菜，而开水白菜之名起于何时、命名者谁，都难以考证。不过这样的名字，不会出自烹饪界人士之口。光用开水烹制汤菜，是烹不出好菜肴的，此菜的特点在于用一种好的"清汤"，此汤原料多且费时间，技艺尤难。要制作好合格的川菜，不仅要应用好花椒、麻椒、胡椒和葱姜蒜，更重要的是用好一种清汤、一种奶汤。川菜厨师公认开水白菜为川菜制作工艺中的一绝，以开水命名，大有妄自菲薄之意。开饭店要做生意，当厨师要显手艺，都不会自己和自己过不去。开水白菜可能是在特定情况下，出于文化名人之口吧？那就不必评头论足了。

【原料】
黄秧白菜心或娃娃菜心 700—900 克，特级清汤 1000—1200 克

【调料】
精盐、料酒、葱姜、白胡椒粒各适量

【制法】

1. 取白菜心700—900克，要长短一致、大小均匀，每棵四寸到四寸半长，切成四片，放入清水内洗净，漂在清水中待用。

2. 锅洗净，放2000克清水烧开，将白菜心放进开水锅内煮，不要盖锅盖。煮至七八分熟捞出，用清水涮2—3次，使菜心冷透后捞出。

3. 将白菜心按序排入蒸碗中，加精盐适量、顶级清汤150克，用保鲜纸封好碗口，上笼用旺汽蒸8—10分钟后取出，撕掉保鲜纸。

4. 锅洗净上火，将700—900克清汤倒入锅内，加精盐烧开，同时将蒸白菜的汤汁倒去不用，将白菜心轻轻翻入大汤碗中。最后，将锅内烧开的清汤盛入碗内，即成开水白菜上席。

【特点】

此菜颜色与生鲜娃娃菜无异，如同一碗开水内放着几棵生白菜，故说"开水白菜"。白菜软糯，汤清见底，味道鲜美。开水白菜名曰开水，实则是巧用清汤，是川菜厨师界继承"味要浓厚，又不可油腻；味要清鲜，又不可淡薄"的传统烹饪原理制作的一款中高级清汤菜。此菜汤醇淡素雅、清澈见底，色泽保持娃娃菜心黄秧白的本色。形态完美，多用于高中档宴席，食用后顿觉清鲜爽快，嗅之雅香扑鼻，食之柔嫩化渣、鲜香异常，使人有不似珍肴、胜似珍肴之感。入腹有解酒除油腻、重振食欲之效。

【提示】

前几年我烹制的开水白菜都以每人一味上席，规格更上一层。用开水氽白菜时，要断生即捞出，放进清水内漂2—3次。在碗内加汤蒸的时间不要太长，10—12分钟即可，倒掉白菜内汤汁，再将清汤烧开冲入白菜内，上笼蒸5分钟上席，保持白菜本色不变。此菜一定要贵宾等菜，不能菜等贵宾。

## 开水白菜之清汤

川菜中的高级清汤菜，不失为川菜菜式中不可缺少的"方面军"。"汤"在川菜烹调中，有十分重要的作用。"无菜不用汤，无汤难成菜"，除了拔丝菜肴、酥炸菜肴、高丽菜肴、锅贴菜肴、甜品等不用汤之外，"无汤难成好菜"。川菜中干烧鱼翅、家常海参、白汁鱼唇、蒜枣裙边、驼峰、燕窝、鲍鱼、花胶、鹿筋等高级山珍海味原料，因本身无味，烹制成菜一定要好的汤汁作辅佐不可。川菜中有两种汤，一种高级清汤，一种是奶汤。两者用料不尽相同，制法各有要求，各有各的用武之地。现将开水白菜用的汤简单介绍如下。

【原料】

老母鸡、老鸭子各1只（每只2000—2500克），肋排、棒骨、鲜猪瘦肉各500克（共1500克），鸡脯肉150克

【调料】

香葱100克，老姜50克，白胡椒粒20粒

【制法】

1. 将鸡、鸭、肋排、棒骨洗净，放进开水锅内煮开，约煮5—8分钟，捞出放进清水桶，冲洗干净。

2. 在大盆内加清水4000克，将洗净的鸡、鸭、肋排、棒骨等放进盆内上火烧开。葱姜洗净，放入鸡、鸭、猪肉盆内，加白胡椒粒烧开，用保鲜纸封好盆口，上笼用旺火旺汽蒸3—4个小时。

3. 取出葱姜，去掉浮油，将猪肉用刀背捶成肉蓉，加清水150克，拌成肉糊。

4. 锅洗净，将蒸好的清汤倒入锅内。将肉糊倒入汤内，轻轻用铁勺推淘，待肉蓉浮起成泡沫，捞出肉蓉，用小火烧开后撇去浮沫，成淡黄色清汤。

5. 将鸡脯肉切成鸡蓉，加清水拌成鸡糊放进汤内，上火慢慢烧。一面用勺子推淘，使鸡蓉成泡沫形状，再捞掉。要巧用火力，以文火徐徐进行，火过大会冲散鸡蓉，使清汤不成，再用纱布过滤很麻烦，也有损于汤清和鲜香。

【特点】

开水白菜的汤清如水，此清汤不但可烧开水白菜，还可烧很多川菜中的高级汤菜，如白水豆腐、鸡蒙竹荪、金狮刀鱼、出水芙蓉、鸽蛋肝膏汤、推纱望月、凤尾燕窝、冬瓜燕、芙蓉鸭舌等。这款开水白菜的烹制法，属上海何派川菜，同四川川菜不尽相同。

## 刷把冬笋

　　我国出产的笋品种繁多，光是可以食用的就有毛笋、竹笋、麻竹笋、慈竹笋……少说也有七八十个品种。

　　立秋前后竹鞭就开始萌发幼芽，逐渐膨大，到初冬，笋体肥大，笋壳金黄，披有绒毛，这就是冬笋。深冬天气寒冷，笋体便停止发育，处于休眠状态，无法破土出头，此时竹林内不易发现什么笋，但久居竹林的竹民们根据经验，可以挖取出12—15厘米长的笋，这是正宗的冬笋。到冬末气候转暖，冬笋开始发育，春节后雨露充沛，冬笋纷纷长出地面，便是春笋。因而，冬笋与春笋同根，先有冬笋，后出春笋，冬笋比春笋名贵一点。

　　冬笋肉嫩质脆，清鲜爽口，历来被人们誉为美味中的山珍。黄梅季节，冬笋老根糊烂，此时附近长出的竹荪更是滋补佳品，菌中之王。

　　笋的烹调方法很多，光是何派川菜中就有干烧、干煸、炒、煮、粉蒸、烤、烩等。冬笋不但可以单独成菜，更可配给无味食材，使之有味，制成高档菜品。

【原料】
鲜冬笋 1000 克，熟火腿 50 克，小菜心 10 棵
【调料】
鲜汤 200 克，盐、鲜粉、胡椒粉各适量

【制法】

1.鲜冬笋去壳，修掉周边老皮，一切两爿，下水锅煮熟，约10分钟后，捞出冷水冲凉，切成一寸半长、四分宽的长条，全部修成大小长短均匀的条块状。从笋尖部再批成三爿，根部留三分不要批断，反过身同样再批三刀，要相连不要批断，待全批好，每一条笋的笋尖部分切成火柴梗粗细的丝，笋根部的三分原样不动，形状像一把洗锅的刷把。

2.熟火腿切成火腿末；青菜取菜心，根部削尖，成橄榄形。

3.冬笋装在深一点的盆内，放鲜汤调味，上笼蒸10—15分钟取出。菜心用汤氽熟后围在笋盆周围，火腿末放在冬笋上面，即可上席品尝。

【特点】

这是一款带汤菜肴，是公馆宴席上的素菜之一。米黄的冬笋配以碧绿的菜心，点缀着红色的火腿末，汤清形美，味鲜爽口，营养丰富，又有滋补功效。

【提示】

在批笋时注意笋丝不要批断，要粗细均匀，根部留三分不要批，这是刷把的捏手处，否则会影响刷的形状。此菜属咸鲜味型，是笋佳肴中规格较高的品种。

此菜品由何派川菜第四代传人、高级烹调师王志远制作。

# 蒜枣裙边

裙边是甲鱼或山瑞鳖背甲边缘的一圈软肉。山瑞鳖在山区的河流水塘或山洞生活，外形同甲鱼相似，但肉质老，腥味重，边厚质。过去饭店制作裙边菜品，都用山瑞鳖或甲鱼的边。后来山瑞鳖被定为国家重点保护野生动物，在禁捕之列，故选用大的甲鱼边或海鳖边，属海味干货，要泡发后使用。

【原料】

干裙边 350—500 克，老蒜子 60—70 克，老草鸡 500 克，小排骨 500 克，红枣 14—16 颗

【调料】

姜 50 克，葱 50 克，料酒 50 克，植物油 50 克，生抽、盐、鲜粉、胡椒粉、麻油、湿淀粉各适量

【制法】

1.将干裙边用冷水泡发两天两夜，第三天调清水，上火烧开，随后用小火焖炖 1 小时。待冷却后，细心地用手抹掉裙边上的沙粒，用清水漂清，调水后再上火炖开。用手摸一下裙边，若裙边已软，且没有沙粒，说明已发好，可烹调菜肴。

2.小排骨、草鸡斩成块，下开水锅内氽透洗净，放清水、葱、姜，炖出高汤 1000 克。

3.红枣洗净，放在冷水内浸泡 60 分钟，再上火煮 10 分钟。

4.将裙边切成一寸半长、一寸宽的长方块，用葱、姜、料酒、清水煮 10—15 分钟，捞出冲洗。再用炖好的高汤同裙边、

红枣一起煨烧，加葱、姜、料酒、生抽，烧至裙边软糯。

5.蒜子用油煸成金黄色，连油倒入裙边锅内，去掉葱姜，加准调料，待收至汁浓时，淋上少许湿淀粉，再淋上少许麻油装盆，裙边在中间，四周围上蒜子和红枣，即可上席品尝。

【特点】

这道菜肴属何派川菜板块。色泽金红，裙边软糯，咸鲜带点甜香，滋味醇厚。民间当作冬令高级补品，强身健体。

【提示】

泡发裙边时一定要将裙边上的沙粒抹干净，否则影响高档菜肴身价。炖好高汤的鸡块、小排骨，可再加500克清水，和毛山药500克一起炖汤，又成了一道鸡块小排山药汤。

此菜品由国家级高级技师、中国烹饪大师、上海市非物质文化遗产项目绿杨邨川扬帮菜点制作工艺第三代传承人、何派川菜第五代传人杨隽制作。

# 当归红枣炖牛肉

【原料】

牛肉 500 克，红枣 8—10 颗，当归 10—15 克，清水 500—600 克

【调料】

精盐、鲜粉、葱姜各适量，料酒 20 克

【制法】

1.牛肉洗净，切二寸见方的块，下开水锅内煮 5 分钟，捞出冲洗后，放进清水内漂 10—15 分钟。

2. 当归片、红枣用清水洗一下，葱姜洗净，姜切片，葱打结。

3. 牛肉从清水中捞出，放进炖锅内，放当归、红枣、葱姜、料酒，加清水上火烧开，盖上盖，调小火苗，炖 2 小时，取掉盖子，拣掉葱姜，加适量鲜粉和精盐，再将盖子盖上，再炖半个小时，见牛肉酥软、香味出现，即可上席。

【特点】

汤清如水，清鲜雅淡，牛肉酥软，味香鲜美。此菜肴最适合贫血或身体虚弱之人食用，既可当菜，又有滋补食疗功效。

【提示】

家里如有条件，用蒸的方式更好，但蒸时要用保鲜纸封好碗口，用旺火旺汽蒸 2 个半小时。如炖，清水一定要一次性加足，一定要用小小火苗慢炖，防止汤汁烧开后再加水，味道会变样。

## 甲鱼和全甲鱼宴

### 甲鱼美食五味肉

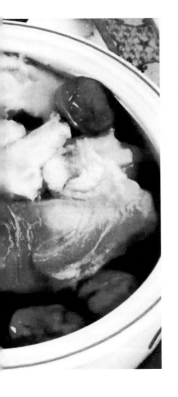

　　甲鱼又称"鳖""团鱼"，其肉具有鸡、鹿、牛、羊、猪五种肉的美味，因而有"美食五味肉"之称。甲鱼不仅肉味鲜美，而且营养丰富，蛋白质含量高，被视为名贵的滋补品，能"补劳伤，壮阳气，大补阴之不足"，对肺结核、贫血、体质虚弱者有益。

　　甲鱼全身各部分均可入药，腹板称为"龟板"，是名贵的中药，有滋阴降火之功效，用于治疗头晕、目眩、虚热、盗汗等疾患。甲鱼颈可以治疗脱肛。据民间传说，鳖血还能治疗贫血、肺病、心脏病、气喘、神经衰弱等。

　　甲鱼盛产期一般在春天3—5月、夏秋8—10月，因而吃甲鱼在3—5月、8—12月间为好。雄性甲鱼尾长，裙边宽大；雌性甲鱼尾短，肉质厚实。甲鱼的"裙边"更是味美且滋补的主要部分，常用于高档宴席。但要注意，死甲鱼是绝对不能食用的。

　　据说，早在周代的宫廷膳厨中便记载有甲鱼菜单。甲鱼的烹饪方式有清蒸、炖、烧、炒、烩、粉蒸、冻、糟、卤，可制成冷菜、热炒、整菜、汤菜等。

　　二十年前，笔者在上海金麒麟大酒楼运用上海何派川菜的烹调技法和味型，推出以甲鱼为主料的系列菜肴30多款，如水晶甲鱼、陈皮甲鱼、姜汁甲鱼、糟香甲鱼、五香甲鱼、生炒甲鱼、拆烩马蹄鳖、粉蒸甲鱼、鳖裙冬瓜、海参甲鱼、蒜枣裙边、天麻甲鱼、三筋甲鱼、三黑甲鱼、芙蓉鳖丹、八宝甲鱼、清汤鳖鞭、鳖卵菜园、干烧甲鱼、独蒜裙腿、宫保马蹄鳖、虫草炖甲鱼、鸡火炖裙边、椒盐马蹄鳖、凤爪甲鱼、白雪团鱼、金蹼仙裙、鲜人参炖甲鱼、杏圆甲鱼、冰糖甲鱼、京葱扒甲鱼、霸王别姬、雪梨甲鱼等。食客尤其对水晶甲鱼、陈皮甲鱼、姜汁甲鱼等甲鱼冷菜赞不绝口。

## 全甲鱼宴

前菜：水晶马蹄鳖、姜汁甲鱼、糟香甲鱼、五香甲鱼

热炒：生爆童子鳖、宫保甲鱼、拆烩甲鱼、椒盐甲鱼

整菜：八宝甲鱼、鸡火裙边、陈皮甲鱼、菜园鳖卵、虫草炖甲鱼、蒜枣裙边

汤：芙蓉鳖丹

美点：鳖鞭春卷、甲鱼汁酸辣烩面

甜品：拔丝苹果

如需要调剂菜肴口味，可配上经典何派川菜，具体菜单可参考本书《刀鱼和全刀鱼宴》。

此甲鱼菜肴和全甲鱼宴席菜肴属上海何派川菜板块，一部分是上几代师傅的传统菜肴，另一部分是随时代进步和发展，有所创新改变，如古代传说：甲鱼吃热不吃冷，故新增了几款冷吃法甲鱼菜肴。

全甲鱼宴席菜单

| 类别 | 菜品 | 口味 | 色泽 | 烹调技法 | 主要用料 | 特点 | 备注 |
|------|------|------|------|---------|---------|------|------|
| 冷盆 | 水晶马蹄鳖 | 咸鲜 | 透明 | 蒸、冻 | 马蹄鳖清鸡汤 | 滑爽嫩酥味美 | |
| 冷盆 | 姜汁甲鱼 | 咸鲜香辛辣 | 浅黄 | 蒸、腌 | 甲鱼、姜汁 | 味香酥嫩鲜美辛辣 | |
| 冷盆 | 糟香甲鱼 | 咸香味 | 淡黄 | 蒸、腌 | 甲鱼、糟卤 | 味香酥嫩爽口味美 | |
| 冷盆 | 五香甲鱼 | 五香味 | 金红 | 烧 | 甲鱼、香料 | 味香鲜美 | |
| 热炒 | 生爆童子鳖 | 咸鲜 | 白、灰 | 爆炒 | 童子甲鱼青笋 | 味鲜脆嫩爽口 | |
| 热炒 | 宫保甲鱼 | 小荔枝味 | 浅黄 | 炒 | 甲鱼、腰果 | 咸鲜带甜酸辣 | |
| 热炒 | 拆烩甲鱼 | 咸鲜 | 浅灰 | 烩 | 甲鱼鸡片、宣腿片 | 味鲜滑嫩可口 | |
| 热炒 | 椒盐甲鱼 | 酥香 | 金黄 | 炸 | 甲鱼龙虾片 | 酥香内嫩 | |
| 整菜 | 八宝甲鱼 | 咸鲜 | 造型美观 | 蒸 | 甲鱼、火腿干贝、香菇等八样 | 味鲜酥软滑爽 | |
| 整菜 | 鸡火裙边 | 咸鲜 | 白、黄、红 | 炖 | 甲鱼草鸡、火腿 | 汤清味鲜美酥软 | |
| 整菜 | 陈皮甲鱼 | 咸鲜甜 | 金红 | 烧 | 甲鱼、陈皮 | 咸鲜甜酥软 | |
| 整菜 | 菜园鳖卵 | 咸鲜 | 绿、黄 | 烧 | 甲鱼卵青菜 | 咸鲜味香美 | |
| 汤 | 芙蓉鳖丹 | 咸鲜 | 白色 | 氽 | 鳖丹鸡蛋清、清汤 | 咸鲜汤清 | |
| 美点 | 鳖鞭春卷 | 咸鲜 | 金黄 | 炸 | 甲鱼鞭笋丝、春卷皮 | 脆香内鲜 | |
| 美点 | 甲鱼汁酸辣烩面 | 酸辣味 | 浅金黄 | 烩 | 甲鱼骨汤、香菇丝鸡丝、笋丝等 | 面软滑爽鲜美 | 面内米醋胡椒粉 |
| 甜品 | 拔丝苹果 | 甜香 | 金黄 | 炸、拔 | 新鲜苹果500克 | 甜香味浓郁 | |

图书在版编目（CIP）数据

　李兴福百味川扬菜 / 李兴福著. -- 上海：上海文
化出版社，2021.8
　ISBN 978-7-5535-2350-7

　Ⅰ．①李… Ⅱ．①李… Ⅲ．①川菜－烹饪②苏菜－烹
饪 Ⅳ．①TS972.117

中国版本图书馆CIP数据核字(2021)第159409号


出 版 人 姜逸青

策　　划 程　皓

责任编辑 黄慧鸣

封面题签 茆　帆

装帧设计 王　伟


书　　名 李兴福百味川扬菜

作　　者 李兴福

出　　版 上海世纪出版集团　上海文化出版社

地　　址 上海市绍兴路7号　200020

发　　行 上海文艺出版社发行中心

　　　　　上海市绍兴路50号　200020　www.ewen.co

印　　刷 苏州市越洋印刷有限公司

开　　本 710×1000　1/16

印　　张 25

版　　次 2021年9月第一版 2021年9月第一次印刷

书　　号 ISBN 978-7-5535-2350-7/TS.078

定　　价 128.00元

敬告读者 如发现本书有质量问题请与印刷厂质量科联系　电话：0512-68180628